皮肤活性多肽

Active Peptides for Skin Care

丁文锋　主编

化学工业出版社

·北京·

本书从皮肤的生理结构及功能着手，研究皮肤活性多肽的种类、生物学功能、作用机制、功效及应用。全书共有 13 章，首先概述了皮肤与多肽的基础知识，阐述了多肽透皮给药以发挥效用的技术手段，介绍了为保证多肽的有效性及安全性所常用的质量控制方法，接着进一步介绍了美白祛斑、延衰修复、抗敏舒缓、防脱生发、改善皱纹、丰胸瘦身、祛痘修复、眼部护理、修复妊娠纹等不同功效活性多肽的作用机制和应用案例。书中同时配有不同作用类型的配方案例，使读者能够更容易理解和应用。

本书可作为医药企业、化妆品企业研发与生产等相关技术人员以及市场推广、销售人员的技术培训教材。

图书在版编目（CIP）数据

皮肤活性多肽 / 丁文锋主编. —北京：化学工业出版社，2020.3（2024.1重印）

ISBN 978-7-122-36104-2

Ⅰ.①皮…　Ⅱ.①丁…　Ⅲ.①多肽-应用-皮肤-护理　Ⅳ.①TS974.11

中国版本图书馆 CIP 数据核字（2020）第 021913 号

责任编辑：杨燕玲　　　　　　　　　　　文字编辑：吴开亮
责任校对：张雨彤　　　　　　　　　　　装帧设计：史利平

出版发行：化学工业出版社（北京市东城区青年湖南街 13 号　邮政编码 100011）
印　　装：北京虎彩文化传播有限公司
710mm×1000mm　1/16　印张 12¾　字数 173 千字　2024 年 1 月北京第 1 版第 6 次印刷

购书咨询：010-64518888　　售后服务：010-64518899
网　　址：http://www.cip.com.cn
凡购买本书，如有缺损质量问题，本社销售中心负责调换。

定　　价：49.80 元　　　　　　　　　　　　　　　版权所有　违者必究

编写人员名单

主　　编　丁文锋

编写人员　丁文锋　观富宜　刘　琦　吕庆琴

　　　　　陈琳欣　厉　颖　陈言荣　张晨雪

　　　　　范积敏

对于绝大多数生物体，蛋白质是基本物质基础之一，构成了机体的结构并行使其功能。在生态体系中，由于多种生物体共同进化、相互适应、相互兼容、相互博弈，甚至是相互对抗，因此，肽类作为分子量较小的蛋白质同类物，其结构和功能被赋予丰富的多样性，成为一类非常重要的生物活性分子。在机体内部，多肽调节控制着生命的活动和节律；对机体外部，多肽促使机体适应环境变化、免遭侵害。肽的这些功能已被人们逐渐认知并发掘，并转化为肽类产品，广泛用于人类健康产业，在抵御疾病、守护健康中起着重要甚至是不可替代的作用。

丁文锋博士及其团队所著《皮肤活性多肽》，内容简明扼要，针对肽类物质抗衰老和皮肤修复的功能，比较全面系统地综述和讨论了肽类对促进皮肤健康及美容的作用机制，为美白祛斑、延衰修复、抗敏舒缓、防脱生发、改善皱纹、丰胸瘦身、祛痘修复、眼部护理、妊娠纹修复等多个方面的应用提供了参考和实践观点。美容市场的多肽产品可谓琳琅满目，消费者甚至从业者对其机制亦不甚了解。《皮肤活性多肽》一书恰恰为从业研究人员乃至消费者提供了有益的参考，为促进行业发展、引导理性消费，提供了基本的科学依据，值得一读。

军事医学科学院毒物药物研究所

2019 年 10 月

多肽是氨基酸通过肽键连接在一起而形成的化合物。活性多肽广泛存在于生物体内，具有多种生理功能，机体的细胞分化、神经激素调节、抵御氧化损伤等均与活性多肽密切相关。人体的生长发育和新陈代谢等各种生命活动，几乎都由具有特定氨基酸序列的生物活性多肽或蛋白质所主导和调控。由此可见，活性多肽在人体内具有重要的生物学功能。

在皮肤修复和抗衰老方面，活性多肽也起着独特的活性作用。自然状态下，活性多肽在皮肤组织细胞增殖、细胞趋化与迁移、胶原蛋白合成与分泌、组织修复与再生、血管形成与重建、色素形成与清除、炎症细胞因子调节、细胞生长环境改善等多种皮肤生长、修复的过程中发挥着重要作用。

目前，活性多肽在皮肤护理方面的应用已经取得了一定的成功。市场上很多皮肤护理产品都添加了活性多肽，特别是一些小分子活性肽，在皮肤美容护理产品中的应用效果更加明显。由于活性多肽与机体同源，安全、稳定、生物活性高，且易被皮肤吸收，能由表及里地改善皮肤问题，因而受到消费者的青睐，具有广阔的市场前景。

活性多肽在皮肤护理方面具有积极的作用和重要的应用价值，引起了研究人员广泛的关注。然而，目前市场上并没有专门论述多肽应用于皮肤护理领域的书籍，笔者对此深感遗憾。为了让更多人了解多肽、受益于多肽，同时也为了向医药企业、化妆品企业研发与生产等相关技术人员以及市场推广、销售人员提供一本内容精炼、结构完整的技术培训教材，笔者主持编写了本书。

本书详细介绍了活性多肽及其在皮肤护理领域的应用，为解决常见皮肤问题提供新的视角和思路。全书共有 13 章，首先概述了皮肤与多肽的基础知识，阐述了多肽透皮给药以发挥效用的技术手段，介绍了为保证多肽的有效性及安全性所常用的质量控制方法，接着进一步介绍了美白祛斑、延衰修复、抗敏舒缓、防脱生发、改善皱纹、丰胸瘦身、祛痘修复、眼部护理、修复妊娠纹等不同功效皮肤活性多肽的作用机制和应用案例。

本书的出版有赖于为此付出辛勤劳动的各位作者、出版社的编辑老师，还有为本书的修改完善提出宝贵意见的军事医学科学院毒物药物研究所刘克良研究员、北京大学王超教授，在此特向他们表示衷心的感谢。

皮肤活性多肽的研究涉及皮肤生理学、生物化学、分子生物学、生物医药、有机化学、分析化学等诸多学科，而本书编写时间有限，难免存在不尽如人意之处，敬请各位读者和广大同仁批评指正。

丁文锋

2019 年 9 月

目录

第一章　皮肤的基础知识　　　　　1

第一节　皮肤生理结构和功能　/2

　　一、皮肤生理结构　/2

　　二、皮肤屏障功能　/8

第二节　皮肤的老化　/10

　　一、内源性因素　/10

　　二、外源性因素　/12

第三节　皮肤的保健与美容　/14

　　一、皮肤的保健　/14

　　二、皮肤的美容　/16

参考文献　/17

第二章　多肽的基础知识　　　　　19

第一节　多肽的研究及其历史　/20

第二节　多肽的概述　/22

　　一、多肽的概念　/22

　　二、多肽与蛋白质、氨基酸的区别　/22

第三节　多肽的应用　/25

　　一、药物活性肽　/25

　　二、美容多肽　/29

　　三、食物感官肽　/31

第四节　多肽的分类　/32

第五节　多肽的获取方法　/34

一、化学合成法　/34

二、分离提取法　/41

三、基因重组法　/42

四、酶降解法　/43

五、酸碱法　/44

参考文献　/45

第三章　多肽的透皮给药系统　49

第一节　概述　/50

第二节　透皮给药系统途径与机制　/51

一、透皮给药系统途径　/51

二、透皮给药系统机制　/53

第三节　透皮促进技术　/58

一、透皮给药的物理技术　/58

二、透皮给药的药剂学促渗技术　/64

第四节　美容多肽的透皮给药　/69

一、美容多肽的特性　/69

二、美容多肽透皮吸收的研究进展　/70

三、透皮介导肽的介绍　/72

四、美容多肽透皮给药的未来发展趋势　/74

参考文献　/75

第四章　多肽的质量研究　79

第一节　多肽的结构分析　/80

一、氨基酸分析　/81

二、序列分析　/84

三、质谱分析　/85

四、肽谱分析　/86

第二节　多肽的纯度分析及含量测定　/87

一、多肽的纯度分析　/87

二、多肽的含量测定　/87

第三节　多肽的杂质谱研究　/88

一、起始物料引入的杂质　/88

二、工艺杂质　/89

三、降解杂质　/91

参考文献　/92

第五章　美白祛斑多肽　　95

第一节　概述　/96

第二节　美白祛斑多肽举例　/97

一、九肽-1　/97

二、谷胱甘肽　/98

三、肌肽　/100

四、六肽-2　/102

第三节　应用案例　/102

参考文献　/105

第六章　延衰修复多肽　　109

第一节　概述　/110

第二节　抗衰老的途径　/111

第三节　延衰修复多肽举例　/112

一、肌肽　/112

二、棕榈酰五肽-4　/113

三、棕榈酰三肽-1　/114

四、棕榈酰四肽-7　/115

五、铜肽　/116

六、棕榈酰三肽-5　/118

七、棕榈酰六肽-12　/119

八、六肽-9　/120

　　　　九、六肽-11 /120

　　第四节　应用案例 /121

　　参考文献 /125

第七章　抗敏舒缓多肽　　127

　　第一节　概述 /128

　　　　一、敏感性皮肤 /128

　　　　二、造成敏感性皮肤的原因 /129

　　第二节　抗敏舒缓多肽举例 /130

　　　　一、棕榈酰三肽-8 /130

　　　　二、乙酰基二肽-1鲸蜡酯 /132

　　第三节　应用案例 /133

　　参考文献 /134

第八章　防脱生发类多肽　　137

　　第一节　概述 /138

　　第二节　防脱生发类多肽举例 /139

　　　　一、生物素三肽-1 /139

　　　　二、肉豆蔻酰五肽-17 /140

　　　　三、乙酰基四肽-3 /141

　　第三节　应用案例 /142

　　　　一、防脱生发精华配方实例 /142

　　　　二、睫毛生长液配方实例 /143

　　参考文献 /144

第九章　改善皱纹多肽　　145

　　第一节　概述 /146

　　第二节　改善皱纹多肽举例 /147

　　　　一、乙酰基六肽-8 /147

二、二肽二氨基丁酰苄基酰胺二乙酸盐　/148

三、乙酰基八肽-3　/148

四、β-丙氨酰羟脯氨酰二氨基丁酰苄基酰胺　/149

五、芋螺毒素　/150

第三节　应用案例　/151

参考文献　/152

第十章　丰胸瘦身多肽　　　　153

第一节　概述　/154

第二节　丰胸及瘦身多肽举例　/155

一、乙酰基六肽-38　/155

二、乙酰基六肽-39　/156

第三节　应用案例　/157

一、丰胸按摩乳配方实例　/157

二、瘦身凝胶配方实例　/158

参考文献　/159

第十一章　祛痘修复多肽　　　　161

第一节　概述　/162

第二节　改善痤疮多肽举例　/163

一、抗菌肽　/163

二、棕榈酰三肽-8　/164

第三节　改善痘印、痘疤多肽举例　/165

一、九肽-1　/165

二、六肽-9　/166

三、铜肽　/167

第四节　应用案例　/168

参考文献　/169

第十二章　眼部护理多肽　　　　　171

第一节　概述　/172

第二节　眼部护理多肽举例　/173

　　一、乙酰基四肽-5　/173

　　二、棕榈酰三肽-1　/174

　　三、乙酰基六肽-8　/175

　　四、芋螺毒素　/175

第三节　应用案例　/175

参考文献　/177

第十三章　多肽在修复妊娠纹中的应用　　　　　179

第一节　概述　/180

　　一、发病机制　/180

　　二、临床表现　/181

第二节　用于修复妊娠纹的多肽的介绍　/182

　　一、以人表皮生长因子为代表的生长因子类　/182

　　二、胶原蛋白多肽　/183

　　三、棕榈酰五肽-4　/183

　　四、棕榈酰三肽-5　/184

　　五、棕榈酰六肽-12　/184

　　六、六肽-11　/184

　　七、铜肽　/185

　　八、六肽-9　/186

参考文献　/186

第一章

皮肤的基础知识

第一节·皮肤生理结构和功能

一、皮肤生理结构

皮肤是人体最大的器官，被覆于体表，由表皮、真皮和皮下组织构成。皮肤生理结构如图 1-1 所示。皮肤表皮层和真皮层的厚度共约 1～4mm，具有个体差异性，同一个体身体各部位皮肤厚度亦有所不同。表皮层一般较薄，特别是眼睑部位，厚度仅约 0.1mm；而手掌和脚底部位的表皮层较厚，约 1mm。真皮层的厚度是表皮层的 20 倍，尤其是背部皮肤的真皮层，厚度约 3～4mm。皮下组织的厚度也随身体部位而异，在大腿、腹部的较厚，脸部、胸骨部的较薄。

1. 表皮层

皮肤的最外层是表皮层，其内部没有血管，但含有可以帮助我们感知外界事物的神经末梢。表皮层主要由角质形成细胞、黑素细胞、朗格汉斯细胞等构成，其中角质形成细胞是其主要构成细胞。根据不同分化阶段，表皮层的角质形成细胞由外至内又分为角质层、透明层、颗粒层、有棘层、基底层。在基底层，细胞不断分化，形成新的细胞。新细胞从基底层逐渐上移，最终到达角质层，而最外层的角质层细胞随之脱落，由此形成新的角质层。

（1）角质层

角质层是表皮的最外层，由大约 15～20 层紧密堆叠排列的角质层细胞构

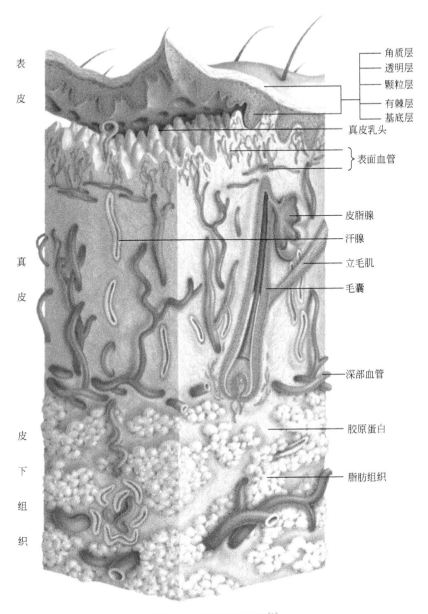

表皮

真皮

皮下组织

角质层
透明层
颗粒层
有棘层
基底层
真皮乳头
表面血管
皮脂腺
汗腺
立毛肌
毛囊
深部血管
胶原蛋白
脂肪组织

图 1-1　皮肤生理结构[1]

成。由于角质层中角质层细胞已经脱水死亡，胞内充满了软角蛋白，变得比较坚韧，从而在皮肤表面形成一道坚实的皮肤屏障，能耐受一定的物理化学伤害、机械性伤害，也可以折射和吸收一定量的紫外线，使皮肤免受紫外线的伤害。角质层中还含有一定量的天然保湿因子，其含水量一般在 15%～20%，使皮肤不会感觉干燥。

（2）透明层

透明层位于角质层以下、颗粒层上方，但仅存在于表皮较厚的手掌及脚掌处，由2~3层扁平、无核的老化细胞构成，具有皮肤屏障的作用，可以防止水及电解质通过。

（3）颗粒层

颗粒层位于有棘层上方，由2~4层排列紧密的梭形细胞构成，细胞内部有大量形态不规则的透明角质颗粒，故名颗粒层。颗粒层具有吸收、反射、折射紫外线的功能，可以抵御紫外线对皮肤的伤害。如果颗粒层受损，则会导致皮肤发黄暗沉、色斑堆积。

（4）有棘层

有棘层位于基底层上方，由4~8层多角形、有棘突的细胞构成，故名有棘层。有棘层可以为表皮层提供营养，细胞间隙中有营养液和淋巴液。有棘层如果受损，导致营养供给不足，那么真皮层的毛细血管通过代偿机制向上输送营养，就会导致皮肤出现红血丝。有棘层上部细胞中分布有角质小体；有棘层下部，靠近基底层的细胞具有分裂功能。

（5）基底层

基底层是表皮层的最里层，由单层的圆柱形细胞构成。基底层细胞具有分裂、增殖功能，可以产生新的角质形成细胞。新的细胞在不断上移至角质层的过程中，其形状变得越来越扁平，逐渐退化，失去活力，在到达最外层角质层的时候成了死细胞。除了角质形成细胞，基底层中还有少部分的黑素细胞、朗格汉斯细胞。

① 黑素细胞是一种具有树突状突起的细胞，通过树突状突起与角质形成细胞相接触。黑素细胞中含有黑素小体，这些黑素小体在酪氨酸酶的作用下合成黑色素，通过黑素细胞的树突状突起向角质形成细胞转运，并随着细胞的上移逐渐传递到角质层，使皮肤变黑。黑素细胞产生黑色素的量及其在皮肤当中的分布决定了个体和种族之间皮肤颜色的差异。实际上，肤色的不同及颜色深

皮肤活性多肽

浅并不取决于黑素细胞的数量和密度，而是取决于它们的活性程度，即取决于黑素细胞中黑素小体的数量和大小。黑素小体的数量越多，黑素小体越大，则肤色越深。皮肤暴露于阳光下会刺激黑素细胞产生黑色素，保护皮肤免受紫外线的伤害，这是皮肤的一种保护机制。

② 基底层中存在的少量朗格汉斯细胞也是一种树突状细胞，具有抗原呈递功能，可以把抗原呈递给 T 细胞，跟身体的免疫功能息息相关，在皮肤的迟发性超敏反应中起重要作用。

（6）基底膜

基底膜是附着于基底层下方的网膜，连接着表皮与真皮，呈波浪状，其中表皮伸入真皮中的部分称为表皮突，真皮伸入表皮中的部分称为真皮乳头，两者相互镶嵌。基底膜的结构成分中包含Ⅶ型胶原、Ⅳ型胶原、层粘连蛋白、整合素、内联蛋白、硫酸肝素糖蛋白等，各成分有机结合，发挥支持连接作用，使真皮与表皮紧密连接，防止两者分离。此外，基底膜具有半透膜的性质，可发挥渗透的屏障作用，真皮的营养物质可通过基底膜进入表皮，而表皮的代谢产物可通过基底膜进入真皮。

2. 真皮层

真皮层位于表皮层下方，含有真皮细胞、胶原纤维、弹性纤维、基质、毛发、皮脂腺、汗腺、血管等。真皮层上部为乳头层，乳头层内含有丰富的血管，真皮层下部为网状层，真皮层内各成分大多都分布在网状层。

（1）真皮细胞

真皮中最主要的细胞是成纤维细胞。成纤维细胞可以合成胶原纤维、弹性纤维，分泌细胞间基质。胶原纤维中主要成分为Ⅰ型胶原，其抗拉力强，赋予皮肤韧性。弹性纤维由弹性蛋白和丝状蛋白聚合而成，赋予皮肤弹性。基质是一种无定形的物质，主要成分为蛋白多糖，充填于纤维和细胞之间。这些成分对皮肤起支撑作用。此外，真皮中还存在肥大细胞、巨噬细胞、真皮树突状细胞等，另还有少量的白细胞。在正常情况下，真皮中白细胞的量可以忽略不计，而在皮肤出现感染或发生炎症的时候，白细胞的数量便会增加。

（2）毛发

毛发广泛分布于体表，其主要成分是角蛋白。不同于角质层的软角蛋白，毛发的角蛋白是一种含半胱氨酸较多的硬角蛋白，对外部刺激具有较强的抵抗力。毛发由含硬角蛋白的细胞相互连接而成，是一个持续不断生长的结构。

通过毛发横切面的观察可见（图1-2），毛发从内到外可分为三层：最中心的是毛髓质，由2～3层立方体形细胞构成，通常不存在于毛发末端；中间部分是毛皮质，由梭形上皮细胞构成，细胞内有黑素小体，黑素小体的分布决定了毛发的颜色；最外面的一层是毛鳞片，由角化细胞相互堆叠构成。

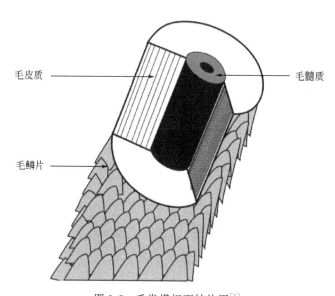

毛皮质 ←————

————→ 毛髓质

毛鳞片 ←————

图1-2 毛发横切面结构图[1]

毛发根部周围有包绕的鞘状结构，为毛囊。在毛囊下端膨大处有毛母质细胞，该细胞具有旺盛的分裂增殖能力，对毛发的生长具有决定作用。只有毛母质细胞持续分裂增殖，分化形成毛髓质、毛皮质、毛鳞片等结构，毛发才能不断生长。毛发生成的过程类似于皮肤角质层的形成过程，即毛囊底部的细胞增殖分化，毛发根部形成的新细胞垂直排列并逐渐向上移动，在此过程中逐渐退化、死亡，细胞中积累了大量的硬角蛋白，形成了毛发各部位，毛发由此长成。毛发上还附着有立毛肌，当立毛肌收缩时，毛发竖立，出现"鸡皮疙瘩"。

每一根毛发均有其独立的生长周期，是非同时性的。因此，通常情况下，每天有多达100根头发脱落，在其脱落处又会有约100根新的头发出现，以维持人的头发数量在正常范围之内。毛发的生长周期分为三个阶段：生长期、退行期、休止期。正常情况下，大约80%～90%的头发处于生长期，10%～15%的头发处于休止期，只有不到1%的头发处于退行期。

身体不同部位的毛发的生长周期不同，生长速率各异。头发在其3～5年的生长期内，每天生长0.4mm。头发可以长至100cm，其平均长度是70cm。相对于头发的生长速率，体毛则生长缓慢，每天只生长0.2mm，其生长期为2～6个月。体毛最终的长度为1～3cm。毛发的生长期长短及其生长速率大小因人而异，随性别、年龄而变化，其中遗传因素起着决定作用。此外，营养因素、激素分泌等也会影响毛发生长。

（3）皮脂腺

皮脂腺附着于毛囊，在头面部和胸背上部分布较多，其分泌物皮脂通过一个开口于毛囊上部的小导管分泌到毛囊中，通过毛囊在体表的开口排出体外。小导管位于毛囊上部和立毛肌的夹角之间。立毛肌收缩能够促进皮脂排泄。皮脂腺分泌的皮脂、角质层细胞所生成的脂质、汗腺分泌的汗水，在空气中氧的作用下，发生氧化作用，从而在皮肤表面形成一层酸性薄膜，此即为皮脂膜。皮脂膜可以防止细菌繁殖，使皮肤保持滋润与光泽。

（4）汗腺

汗腺分为小汗腺和顶泌汗腺。小汗腺由长的导管和真皮深部呈盘绕状的分泌部分构成。导管通过真皮、表皮开口于皮肤表面，汗液通过导管排出体表。汗液的分泌由交感胆碱能神经支配。身体受到热刺激之后，小汗腺分泌增加，随后大量汗液在体表蒸发，从而降低皮肤温度。调节体温是小汗腺最主要的功能。

小汗腺广泛分布于皮肤表面，而顶泌汗腺则主要分布于腋窝、乳晕及外阴等部位。顶泌汗腺自出生时便存在，但进入青春期之后才分泌旺盛。顶泌汗腺分泌部分开口于毛囊上部皮脂腺开口的上方，其分泌由去甲肾上腺素能神经支配，分泌物为黏稠的乳状液，通过毛囊在体表的开口排出体外。这些分泌物在分泌时没有气味，而一旦其中的有机物被微生物分解，便会产生令人不愉快的气味[2]。

（5）血管

真皮中有与皮肤表面平行的两大血管丛，分别为浅部的乳头下血管丛和深部的真皮下血管丛，其中乳头下血管丛含有丰富的毛细血管，而真皮下血管丛由较大的血管构成。在热刺激下，真皮血管特别是浅部毛细血管扩张，血流量增加，通过体表热传导有效散发热量，使体温维持正常。在寒冷环境中，浅部毛细血管收缩，血流量降低，体表热传导效率下降，散热减少，使体温保持正常。由此可见，真皮血管系统在体温调节方面具有重要作用。

3. 皮下组织

皮下组织位于真皮下方，由大量的脂肪和疏松结缔组织构成，其厚度和分布因遗传因素、饮食、体表部位、年龄、性别、营养和健康状态等而有明显差异。皮下组织可以起到缓冲作用，保护关键的内部器官免受机械性创伤的伤害，也可以作为绝缘层而抵御寒冷。皮下组织中的脂肪是身体重要的能量储库。

二、皮肤屏障功能

皮肤是人体的第一道防线，具有保护作用、感觉作用、调节体温作用、分泌和排泄作用、吸收作用、代谢作用、免疫作用等。在皮肤的保护作用中，皮肤屏障是关键。皮肤屏障由皮脂膜、角质层细胞及细胞间脂质构成，其中角质层细胞"堆砌"于连续的细胞间脂质中而形成一种特殊的"砖-墙"结构体系[3,4]（图 1-3）。皮脂膜是"砖-墙"结构的保护层，主要由角鲨烯、蜡酯/固醇酯、甘油酯、游离脂肪酸等组成[5]。

角质层细胞构成了角质层"砖墙"结构体系中的"砖"。角质层细胞内含有排列紧密的角蛋白，形成了许多不溶性的角蛋白纤维束。角蛋白和中间丝相

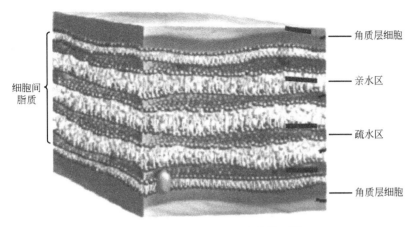

图 1-3 角质层"砖-墙"结构体系[6]

关蛋白是角质屏障的基础。其中，角蛋白是角质层细胞的主要蛋白，只有在其正确表达的情况下，才能保证皮肤屏障的完整性。中间丝相关蛋白包含丝聚蛋白、内被蛋白、兜甲蛋白和转谷酰胺酶，在转谷酰胺酶的催化作用下，中间丝相关蛋白交叉连接，形成不溶性的包裹着角蛋白纤维束的角质套膜，发挥角质层细胞的屏障作用[7]。

细胞间脂质构成了角质层"砖-墙"结构体系中的"灰浆"。细胞间脂质由表皮中有棘层和颗粒层细胞的板层小体合成。随着有棘层细胞和颗粒层细胞向角质层移行、分化，细胞质中板层小体逐渐向细胞膜移动，并与细胞膜融合，最终以胞吐的形式释放至角质层细胞间隙中。

角质层细胞间脂质的主要成分包括神经酰胺、脂肪酸和胆固醇等，其中神经酰胺在细胞间脂质中的含量最多，占 $40\% \sim 50\%$。已知皮肤角质层有 9 种神经酰胺亚类[8,9]，它们构成了紧密堆叠的角质层细胞间脂质基质结构。神经酰胺具有保水作用，其缺乏会导致皮肤屏障受损。在化妆品中添加神经酰胺可以减少皮肤水分的流失及皮肤炎症的发生。

角质层细胞间脂质具有生物膜双分子层结构，疏水区向内，亲水区向外，有利于电解质等小分子营养物质的通过，而把水分子以结合水的形式保留下来，保持角质层的水分，它是皮肤物理屏障的重要组分，有利于维持皮肤物理屏障的正常功能。

　　皮肤是与外界环境直接接触的人体器官，可以保护人体不受外部刺激或伤害，而皮肤屏障作为皮肤重要的防护线，可以保护皮肤免受伤害、抵御机械损伤、缓冲外部冲击、避免组织器官受损、防止外界有害的物质入侵、抗氧化、抗紫外线损伤，还可防止机体内各种营养物质、水分、电解质的流失，对保持人体内环境的稳定起着重要作用。

第二节 · 皮肤的老化

　　影响皮肤老化的因素主要有两大类：内源性因素和外源性因素。内源性因素包括遗传因素、氧自由基、非酶糖基化反应等，其中遗传因素是影响皮肤老化的根本因素；外源性因素包括日晒、环境污染、不良习惯等，其中日晒是影响皮肤老化的主要外源性因素。

一、内源性因素

　　在内源性因素的影响下，皮肤发生自然老化，具体表现为表皮及真皮变薄，皮肤松弛；基底膜中表皮突和真皮乳头逐渐消失，导致基底膜变平；黑素细胞减少，对紫外线的防御功能下降；成纤维细胞功能下降，胶原纤维和弹性纤维受损、断裂，皮肤出现细浅皱纹；皮肤感觉功能下降；毛发生长速度变慢，脱发增多，逐渐变得灰白；皮脂分泌减少，水分散失增加，皮肤脱屑、干燥。

1. 遗传因素

不同性别、不同种族人群的皮肤老化因其遗传基因不同而有所差别。就性别而言，男性皮肤的真皮层比女性的厚，而表皮层与皮下组织则比女性的薄。即便种族相同，基因多态性也会导致皮肤老化的差异性[10]。

随着年龄的增长，细胞对变异或缺损的 DNA 的修复能力逐渐下降，从而导致细胞衰老、死亡，由此可见 DNA 损伤与皮肤老化密切相关。进一步的研究表明，皮肤细胞染色体 DNA 及线粒体 DNA 中合成抑制物的基因表达随年龄增长而增加，以致与细胞活性有关的基因受到抑制，加上氧化应激对 DNA 的损伤，而细胞无法对损伤进行及时完全的修复，这些因素均影响了皮肤细胞的复制、转录和表达，最终导致皮肤老化[11]。

2. 氧自由基

体内新陈代谢过程中会产生许多氧自由基，可以帮助人体传递生命能量，也有助于杀灭细菌和病毒等微生物。然而人体中的氧自由基一旦超过一定数量，便会对人体造成伤害。失控的氧自由基在皮肤老化过程中扮演着重要角色。针对氧自由基对皮肤老化的影响，Sohal[12] 提出了氧化应激衰老学说。氧化应激（oxidative stress，OS）是指在有害刺激因素下，活性氧（reactive oxygen species，ROS）产生过多或发生代谢障碍并超过内源性抗氧化防御系统的清除能力时，ROS 在体内增多并参与氧化生物大分子的形成，直接或间接氧化或损伤 DNA、蛋白质和脂质，最终导致细胞的氧化损伤。ROS 攻击正常细胞的细胞膜，引起细胞膜通透性增加；攻击成纤维细胞，导致胶原代谢异常，胶原合成减少，出现异常交联；弹性纤维也在氧自由基的攻击之下发生变性、卷曲，从而进一步影响真皮结构，加速皮肤老化。一般情况下，氧化受损的蛋白质由蛋白酶降解、清除，但由于衰老导致蛋白酶的防御功能日益下降，氧化受损的蛋白质无法清除，逐渐在体内堆积，从而对皮肤细胞造成积累性损伤，导致细胞功能进一步发生紊乱，引起皮肤的进一步老化。

3. 非酶糖基化反应

非酶糖基化（nonenzymatic glycosylation，NEG）是机体内蛋白质中游离氨基酸与还原性糖的醛基或酮基之间发生的一系列复杂的非酶促反应。蛋白质和还原性糖在体内发生非酶糖基化反应首先形成 Schiff 碱和 Amadori 产物等早期糖基化产物，进而形成反应性极高的二羧基化合物，二羧基化合物与蛋白质反应最终形成不可逆的非酶糖基化终产物（advanced glycosylation endproduct，AGE）。

随着年龄的增长，非酶糖基化反应持续发生，导致相邻的蛋白质等物质发生交联，AGE 进行性增加，造成皮肤松弛、弹性下降，出现难以平复的皱纹、肤色暗黄，从而促进皮肤衰老。

二、外源性因素

造成皮肤衰老的主要外源性因素是日晒，临床表现为皮肤松弛、干燥粗糙，皱纹面积大且深而粗，皮肤暗黄、局部色素沉着、毛细血管扩张，严重的情况下可能会诱发皮肤癌。

1. 日晒

由日晒引起的皮肤老化称为光老化，主要由日光中的紫外线辐射引起。紫外线辐射会诱导活性氧（ROS）的过度产生以及基质金属蛋白酶（matrix metalloproteinase，MMP）的过度表达，激活表皮生长因子（epidermal growth factor，EGF）受体，引发氧化应激损伤、胶原降解等一系列反应，致使皮肤老化。

经紫外线辐射，细胞表面受体被激活，与相应配体结合，激发下游信号分子，进一步激活还原型烟酰胺腺嘌呤二核苷酸磷酸（NADPH）氧化酶，从而产生大量 ROS，如过氧化氢、超氧阴离子[13]。活性氧自由基过度产生，诱导 DNA 氧化破坏和交联，导致其复制错误、核苷酸辅酶破坏、含巯基酶失活，继而引起 mRNA 转录的改变[14]。紫外线辐射还可通过诱导抗原刺激反应的抑制途径而降低免疫应答，直接抑制表皮朗格汉斯细胞的功能，引起光免疫抑制，使皮肤的免疫监督功能减弱[15]。在上述因素的影响下，皮肤细胞功能发生改变，导致皮肤衰老。

基质金属蛋白酶（MMP）是一类能够降解细胞外基质（ECM）的蛋白水解酶，其活性的发挥需要金属离子的辅助。MMP 是一个大家族，已知有 26 个成员，编号依次为 MMP-1～MMP-26。ECM 主要由胶原蛋白、非胶原蛋白、弹性蛋白、蛋白聚糖与氨基聚糖组成。不同的 MMP 有各自不同的特异性底物，但并不是只能对其特异性底物起作用，同一种 MMP 可降解多种 ECM 成分，而某一种 ECM 成分又可被多种 MMP 降解。MMP 通过对 ECM 成分的水解来影响其降解与重组的动态平衡，从而参与多种细胞的生理和病理过程。MMP-1 主要降解 I 型胶原，使其被胰蛋白酶等水解；而 MMP-2 和 MMP-9 分别降解弹性蛋白和基底膜；MMP-3 主要降解 IV 型胶原、蛋白聚糖、纤维粘连蛋白和板层素。紫外线辐射后可使 MMP 高表达，对真皮层的胶原蛋白造成严重损害，导致真皮的完整性被破坏，皮肤强度和弹性降低，以致皮肤发生老化[16]。

此外，紫外线辐射导致的光老化还涉及激活与表皮生长因子（EGF）、肿瘤坏死因子-α（TNF-α）、白介素-1（IL-1）等生长因子和细胞因子受体相关的信号通路。

最新研究表明，可见光和红外线也可引起光老化[17]。

2. 环境污染

除了紫外线辐射外，环境污染也会加速皮肤老化。空气中的汽车尾气、工业废气、臭氧等促氧化剂使皮肤中 ROS 形成增加，从而损害皮肤细胞，导致皮肤老化。此外，空气中的不溶性微粒，如 PM2.5，含有二氧化硫、氮氧化物、一氧化碳、重金属、多环芳烃化合物（polycyclic aromatic hydrocarbon，PAH）等多种有害成分，其中 PAH 与皮肤芳香烃受体（aryl hydrocarbon receptor，

AhR）结合，激活相关信号通路，诱导皮肤老化，而 PM2.5 中吸附的重金属等物质可以攻击线粒体，造成线粒体受损，导致皮肤老化[18,19]。

3. 不良习惯

长期熬夜、压力过大、使用劣质化妆品、酗酒等不良生活习惯都会对皮肤产生刺激，降低皮肤细胞的分裂增殖能力，使皮肤松弛，从而加速皮肤的老化。吸烟产生的烟雾也是导致皮肤老化的一个重要的外源性因素。研究表明，吸烟所产生烟雾的萃取液能抑制人皮肤成纤维细胞的增殖，刺激活性氧自由基产生，抑制超氧化物歧化酶（superoxide dismutase，SOD）和谷胱甘肽过氧化物酶的活性，引起氧化损伤，从而导致皮肤老化[20,21]。

第三节·皮肤的保健与美容

在刚出生时，我们都拥有健康的皮肤，肤色均匀、水嫩润泽、光滑细腻、富有弹性。虽然随着时间的推移，皮肤会自然老化，这是无法逆转的，但是我们可以通过皮肤保养、避免光老化、合理地应用美容技术，减缓其自然老化的进程。

一、皮肤的保健

1. 养成良好的生活习惯

合理膳食，保持营养均衡。多吃蔬菜水果，补充维生素和微量元素，避免由于维生素和微量元素的缺乏导致皮肤出现干燥、脱屑、红斑、皮炎、脱发等情况；补充膳食纤维，保持大便畅通，以及时清除体内毒素。多喝水，每天喝 8 杯水（1500～2000mL），有利于保持皮肤水嫩。应戒烟戒酒，以免皮肤加速老化。

保证充足的睡眠，不要熬夜。成年人应保持每天 7～8 小时的睡眠，以使皮肤得到充分休息，可以正常更新和修复，保持活力，减少皮肤色素沉着，避免出现黑眼圈。

加强体育锻炼。经常进行体育锻炼可加快机体新陈代谢，增加血流量，促进微循环，增加皮肤营养供给，促进皮肤中代谢废物的排出，并增强皮肤对外界环境的适应能力，使皮肤光滑细腻、富有弹性、保持健康。

2. 保持良好的情绪，及时释放压力

当心情抑郁、焦虑、多愁善感时，身体的免疫功能随之受到抑制，防御功能下降，皮肤抵抗力变差，容易导致各种皮肤问题，加速皮肤老化。因此，保持良好的情绪对皮肤健康至关重要。情绪乐观、心情愉悦可以使副交感神经兴奋，进而使皮肤血管扩张、血流量增加、新陈代谢旺盛，使肤色红润、精神焕发。

3. 注意皮肤卫生

皮肤作为人体与外部环境直接接触的一个器官，其表面不可避免会黏附有灰尘、污垢、微生物等；同时皮肤也会分泌汗水、皮脂等排泄物，这些物质会对毛孔造成堵塞，从而引发各种皮肤问题。因此，注意皮肤卫生，及时对皮肤进行清洗显得非常重要。另外，清洗皮肤可促进血液循环，从而进一步促进皮肤健康；但清洗次数也不宜过多，否则体表皮脂膜含量减少，丧失对皮肤的保护和滋润作用，反而适得其反，导致皮肤加速老化。

4. 预防皮肤光老化

日光中的紫外线对皮肤的伤害很大，预防皮肤老化首先应尽量避免强烈日光照射，外出时应打太阳伞，涂擦隔离霜、防晒剂，以免皮肤光老化。此外，

面部按摩也是一种预防皮肤老化的重要方法。通过面部按摩可改善皮肤血液循环，加速新陈代谢，增加皮肤细胞活力，防止真皮乳头层萎缩，增加弹性纤维的活性，保持皮肤弹性，从而延缓皮肤衰老[22]。

二、皮肤的美容

1. 注射美容

目前市场上主要有两大类用于注射美容的产品，分别是注射神经调节剂类产品和注射皮肤填充剂类产品。

神经调节剂主要是肉毒杆菌毒素，该物质是由肉毒杆菌产生的一种神经毒素，其作用于胆碱能神经末梢，可以抑制神经末梢释放乙酰胆碱，使肌肉纤维不能收缩，导致肌肉松弛麻痹。基于该作用机制，将肉毒杆菌毒素应用于美容领域，将其注射入面部、眼角、眉间等特定部位，可以达到迅速祛皱的功效。

皮肤填充剂又分为可吸收皮肤填充剂和不可吸收皮肤填充剂两种类型。其中可吸收皮肤填充剂包括透明质酸、胶原蛋白、羟基磷灰石钙、L-聚乳酸等，不可吸收皮肤填充剂包括聚甲基丙烯酸甲酯、聚丙烯酰胺等。在注射美容皮肤填充剂中，可吸收的透明质酸类产品占主导地位。通过注射皮肤填充剂，可以填补软组织缺陷，填平皱纹和褶皱，从而达到美容的目的[23]。

2. 化学换肤

化学换肤是利用化学剥脱剂，通过促进老化、受损的角质层脱落，促使表皮再生和真皮重塑的一种美容方法。常用的化学剥脱剂有乳酸、水杨酸、苯酚、三氯乙酸、果酸等。化学换肤可用于辅助治疗轻中度痤疮、改善痤疮遗留的色素和浅表瘢痕、治疗表皮型或混合型黄褐斑，亦可用于改善与光老化相关的皮肤改变[24]。

3. 激光美容

激光美容是在一定时间之内，利用适量特定波长的激光照射皮肤，从而改善皮肤状况的一种美容方法。激光照射可以刺激局部皮肤细胞、加速血液循环、促进新陈代谢、增加皮肤的营养供给、破坏黑素细胞，从而改善皮肤色素沉着，使皮肤红润有光泽；激光还可以刺激真皮收缩，促进细胞再生和组织修复，从而使肌肤变得紧致、增加皮肤弹性、祛除皱纹、延缓皮肤老化。

4.护肤品美容

合理使用护肤品有助于美容。目前市面上的护肤品种类繁多，就其中添加的活性成分而言，主要有熊果苷、光甘草定、茶多酚等植物提取物，表皮生长因子（EGF）、胶原蛋白等生物大分子，超氧化物歧化酶（SOD）及其类似物等酶类活性物质，乙酰基六肽-8、肌肽等皮肤活性多肽。其中，皮肤活性多肽作为一种对人体安全无刺激、具有多种生理作用、添加量小、活性高的小分子物质，日益受到人们的广泛关注。

参考文献

[1] Shai A，Maibach H I，Baran R. Handbook of Cosmetic Skin Care. Second Edition [M]. The United Kingdom：Informa Healthcare，2009：5.

[2] 张信江，涂彩霞.美容皮肤科学 [M].北京：人民军医出版社，2004.

[3] Harding C R. The stratum corneum：structure and function in health and disease [J].Dermatol Ther，2004，17 (Suppl 1)：6-15.

[4] 杨扬.皮肤角质层的相关屏障结构和功能的研究进展 [J].中国美容医学，2012，21 (1)：158-161.

[5] 辛淑君，刘之力，史月君，等.我国正常人皮肤表面皮脂和水分含量的研究 [J].临床皮肤科杂志，2007，36 (3)：131-133.

[6] 刘玮.皮肤屏障功能解析 [J].中国皮肤性病学杂志，2008，22 (12)：758-761.

[7] 翁晓芳，高红军，林统文，等.皮肤屏障功能研究及其在化妆品中的应用 [J].广东化工，2015，42 (4)：61-63.

[8] Robson K J，Stewart M E，Michelsen S，et al. 6-Hydroxy-4-sphingenine in human epidermal ceram-

ides [J]. Lipid Res，1994，35：2060-2068.

[9] Ponec M，Lankhorst P，Weerheim A. Newacylceramide in native and reconstructed epidermis [J]. Invest Dermatol，2003，120：581-588.

[10] 曾鸣.皮肤老化机制及老化状态评估方法的研究进展 [J].中国美容医学，2014，23（23）：2025-2028.

[11] Schroeder P，Gremmel T，Berneburg M，et al. Partial depletion of mitochondrial DNA from human skin fibroblasts induces a gene expression profile reminiscent of photoaged skin [J]. J Invest Dermatol，2008，128（9）：2297-2303.

[12] Sohal R S. Oxidative stress hypothesis of aging [J]. Free Radic Biol Med，2002，33（5）：573-574.

[13] Komatsu J，Koyama H，Maeda N，et al. Earlier onset of neutrophil-mediated inflammation in the ultraviolet-exposed skin of mice deficient in myeloperoxidase and NADPH oxidase [J]. Inflamm Res，2006，55（5）：200-206.

[14] Nakanishi M，Niida H，Murakami H，et al. DNA damage responses in skin biology-implications in tumor prevention and aging acceleration [J]. J Dermatol Sci，2009，56（2）：76-81.

[15] 宣敏，程飚.皮肤衰老的分子机制 [J].中国老年学杂志，2015，35（15）：4375-4380.

[16] 殷花，林忠宁，朱伟.皮肤光老化发生机制及预防 [J].环境与职业医学，2014，31（7）：565-569.

[17] 王小燕，刘子菁，马仁燕，等.皮肤光老化研究新进展 [J].中国麻风皮肤病杂志，2019，35（5）：305-308.

[18] Vierkötter A，Krutmann J. Environmental influences on skin aging and ethnic-specific manifestations [J]. Dermatoendocrinol，2012，4（3）：227-231.

[19] Li N，Sioutas C，Cho A，et al. Ultrafine particulate pollutants induce oxidative stress and mitochondrial damage [J]. Environ Health Perspect，2003，111（4）：455-460.

[20] 李欣，李爱国.皮肤的抗衰老机理及护理 [J].日用化学品科学，2013，36（4）：18-21.

[21] Yang G Y，Zhang C L，Liu X C，et al. Effects of cigarette smoke extracts on the growth and senescence of skin fibroblasts in vitro [J]. Int J Biol Sci，2013，9（6）：613-623.

[22] 张学军，陆洪光，高兴华.皮肤性病学 [M].第 8 版.北京：人民卫生出版社，2013：60-61.

[23] 张建民.美国法国及我国批准上市注射美容皮肤填充剂比较及建议 [J].中国医疗美容，2012，（4）：10-20.

[24] 陈小玫，李咏，李利.化学换肤在皮肤科的应用 [J].皮肤病与性病，2016，38（3）：173-176.

（观富宜）

皮肤活性多肽

第二章

多肽的基础知识

第一节 · 多肽的研究及其历史

多肽（polypeptide）是在 20 世纪初期被发现的，时间要晚于蛋白质和氨基酸。科学家在对蛋白质深入研究的过程中，发现了一类由氨基酸构成但又不同于蛋白质的中间物质，这类物质在一定的情况下具有某种特定的蛋白质特性。1901 年，诺贝尔化学奖获得者德国有机化学家 Emil Fischer 首次合成了二肽（Gly—Gly）[1]。1902 年，在德国"Gesellschaft Deutscher Naturforscher und Ärzte"第 74 届年会上，Emil Fischer 第一次提出了"peptide"（肽）这一名词；在同一个会议上，化学家 Franz Hofmeister 第一次用酰胺结构（—CONH—）表示了蛋白质中单个氨基酸间的连接形式。苄氧羰基（Cbz）保护基的使用，扩展了多肽化学合成的方法。随后的催产素的合成、固相多肽的合成方法的发明和我国科学家对结晶牛胰岛素的合成，把多肽研究推向了一个新的时期。随着人们对多肽的化学合成、生理活性、构象等方面研究的深入，多肽研究逐渐成了一门独立学科。20 世纪有多位科学家因多肽相关研究而获得诺贝尔化学奖、诺贝尔生理学或医学奖。多肽具有划时代意义的研究如表 2-1 所示。

大量的科学研究表明，几乎所有生命体（植物、动物、微生物等）都能合成多肽，同时几乎所有细胞和生理生化过程也都受多肽调节，多肽影响着生物体内诸多重要的生理生化功能。自 20 世纪 80 年代开始，多肽研究逐渐发展成为独立的专业，科学家已经发现存在于生物体内的多肽种类有数万种，还有更

表 2-1 多肽的研究发展历程

时间	发展纪要
1931 年	发现命名为 P 物质的多肽,开始关注多肽类物质对神经系统的影响,此类物质称为神经肽
1952 年	美国生物化学家斯坦利·科恩(Stanley Cohen)发现神经生长因子(NGF),并于 1986 年获得诺贝尔生理学或医学奖
1953 年	由文森特·迪维尼奥(Vineent Du Vigneaud)领导的生化小组第一次完成了生物活性肽催产素的合成,于 1955 年获得诺贝尔化学奖
1963 年	罗伯特·布鲁斯·梅里菲尔德(Robert Bruce Merrifield)发明了多肽固相合成法(简称 SPPS),并因此荣获 1984 年诺贝尔化学奖
1965 年	我国科学家完成了结晶牛胰岛素的合成,这是世界上第一次人工合成多肽类生物活性物质
20 世纪 70 年代	神经肽的研究进入高峰期,脑啡肽和阿片样肽相继被发现,并开始了多肽影响生物胚胎发育的研究
1971 年	安德鲁·沙利(V. Andrew Schally)和罗歇·吉耶曼(Roger Guillemin)分别从动物中分离得到促性腺激素释放激素,后获 1977 年诺贝尔生理学或医学奖
1975 年	休伊斯(Hughes)和科斯特里兹(Kosterlitz)从人和动物的神经组织中分离出内源性肽,丰富了生物制药内容,开拓了"细胞生长调节因子"这一生物制药的新领域
1977 年	安德鲁·沙利(V. Andrew Schally)和罗歇·吉耶曼(Roger Guillemin)因发现了大脑产生的激素肽;罗莎琳·苏斯曼·雅洛(Rosalyn Sussman Yalow)因开发多肽类激素的放射免疫分析法,同获 1977 年诺贝尔生理学或医学奖
1982 年	美国批准了第一个基因药物人源胰岛素优泌林(Humulin)
20 世纪 90 年代	人类基因计划启动,随着基因被解密,多肽研究出现了空前繁荣的局面,并开始了另一项生物工程——蛋白质工程的研究,而蛋白质工程的研究从某种意义上说就是多肽的研究
1999 年	美国生物学家古特·布洛伯尔(Gunter Blobel)因发现信号肽被授予 1999 年诺贝尔生理学或医学奖
2004 年	以色列科学家阿龙·切哈诺沃(Aaron Ciechanover)、阿夫拉姆·赫什科(Avram Hershko)和美国科学家欧文·罗斯(A. Irwin Rose)因发现泛素调节蛋白降解获 2004 年诺贝尔化学奖

多的多肽期望被发现、鉴定(仅芋螺毒素就存在上万种多肽),其研究已经开始融汇了生命科学的诸多学科——分子生物学、免疫化学、神经生理科学、临床医学、生物化学等,成为当今科学研究的一个热门课题。

第二节·多肽的概述

一、多肽的概念

肽（peptide）通常是指由两个或两个以上氨基酸通过肽键（peptide bond）缩合而形成的化合物[2]，是蛋白质水解的中间产物。肽键一般为—COOH 与—NH₂ 脱水缩合而形成的酰胺键，以两性离子的形式存在。两分子氨基酸缩合形成二肽（dipeptide），其中包含一个肽键；三分子氨基酸缩合形成三肽（tripeptide），包含两个肽键；四分子氨基酸缩合形成四肽（tetrapeptide），包含三个肽键……由十个以内氨基酸相连而成的肽称为寡肽（oligopeptide），由更多氨基酸相连形成的肽称为多肽（polypeptide）。

二、多肽与蛋白质、氨基酸的区别

氨基酸的分子结构中含有氨基（—NH₂）和羧基（—COOH），并且氨基和羧基都是直接连接在一个—CH—结构上，通式是 $H_2NCHRCOOH$（R 代表某种有机取代基）。根据氨基连接在羧酸中碳原子的位置不同，可分为 α、β、γ、δ 等不同氨基酸（C…C—C—C—C—COOH）。氨基酸是构成蛋白质的基本单位。不同的氨基酸脱水缩合形成的肽（蛋白质的原始片段），是蛋白质的前体。蛋白质是生物体内重要的活性分子，如催化新陈代谢的酶（又称"酵素"）。自然界中，蛋白质经水解后，即生成 20 种氨基酸，包括甘氨酸（glycine）、丙氨酸（alanine）、缬氨酸（valine）、亮氨酸（leucine）、异亮氨酸（isoleucine）、苯丙氨酸（phenylalanine）、色氨酸（tryptophan）、酪氨酸（tyrosine）、天冬氨酸（aspartate）、组氨酸（histidine）、天冬酰胺（asparagine）、谷氨酸（glutamate）、赖氨酸（lysine）、谷氨酰胺（glutamine）、甲硫氨酸（methionine）、精氨酸（arginine）、丝氨酸（serine）、苏氨酸（threonine）、半胱氨酸（cysteine）、脯氨酸（proline）（表 2-2）。

表 2-2　天然氨基酸（脯氨酸除外）

中文名	英文名	缩写	侧链(R)
甘氨酸	glycine	Gly/G	H
丙氨酸	alanine	Ala/A	CH_3-
缬氨酸	valine	Val/V	$(CH_3)_2CH-$
亮氨酸	leucine	Leu/L	$(CH_3)_2CHCH_2-$
异亮氨酸	isoleucine	Ile/I	$CH_3CH_2(CH_3)CH-$
天冬氨酸	aspartic acid	Asp/D	$HOOC-CH_2-$
天冬酰胺	asparagine	Asn/N	$H_2NOC-CH_2-$
谷氨酸	glutamic acid	Glu/E	$HOOC-CH_2CH_2-$
谷氨酰胺	glutamine	Gln/Q	$H_2NOC-CH_2CH_2-$
赖氨酸	lysine	Lys/K	$H_2N-CH_2CH_2CH_2CH_2-$
精氨酸	arginine	Arg/R	
组氨酸	histidine	His/H	
丝氨酸	serine	Ser/S	$HO-CH_2-$
苏氨酸	threonine	Thr/T	$CH_3-CH(OH)-$
苯丙氨酸	phenylalanine	Phe/F	
酪氨酸	tyrosine	Tyr/Y	

中文名	英文名	缩写	侧链（R）
色氨酸	tryptophan	Trp/W	CH_2- 结构（吲哚基）
半胱氨酸	cysteine	Cys/C	$HS-CH_2-$
甲硫氨酸	methionine	Met/M	$CH_3-S-CH_2CH_2-$
脯氨酸	proline	Pro/P	（吡咯烷基）$-COOH$

由于上述氨基酸分子中有不对称的碳原子，均呈旋光性（除甘氨酸外）。同时由于空间的排列位置不同，其有两种构型：D 型和 L 型。组成天然蛋白质的氨基酸，都属 L 型。一般不注明构型的氨基酸默认都是 L 型。

多肽是由氨基酸之间的氨基（—NH₂）和羧基（—COOH）脱水缩合形成肽键后，形成的链状分子。多肽的氨基酸数目通常定义为小于 50，超过 50 个氨基酸或分子量大于 10000 称为蛋白质（protein）。多肽和蛋白质的基本区别在于氨基酸的数量和结构。多肽是少于 50 个氨基酸的肽链，是一级结构；而蛋白质具有更复杂的空间构型，如二级、三级、四级空间构型，从而使蛋白质具有生理功能。也有一些文献把 100 个氨基酸以下的归为多肽，如胰岛素。多肽与蛋白质、氨基酸的区别见图 2-1。

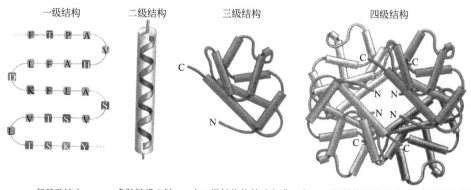

一级结构	二级结构	三级结构	四级结构
氨基酸缩合形成多肽链	多肽链沿主链方向的局部构象	在二级结构的基础上进一步盘绕、折叠形成特定的构象	三级结构形成亚基，各亚基的空间排布，称为蛋白质的四级结构

蛋白质的空间结构

图 2-1　多肽与蛋白质、氨基酸的区别[3]

第三节 · 多肽的应用

多肽依据其功能以及应用领域，主要分为药物活性肽、美容多肽和食物感官肽。

一、药物活性肽

多肽类药物对现代制药业的发展有显著的影响和贡献，促进了生物学和化学的学科进步。20世纪上半叶的多肽基础研究主要在于了解多肽结构和生理作用，例如胰岛素、催产素、促性腺释放激素、促性腺激素释放激素和血管升压素等。通过对多肽药物的研究，现代药物研究中的药理学、生物学方面取得了重大进展[4,5]。

含有51个氨基酸的胰岛素（hormone insulin）的应用，更能阐述多肽药物的发展历程[6]。胰岛素自1921年首次分离出来后，1923年就成了首个商业化的多肽药物。科学家对胰岛素的氨基酸序列、结构和分子药理学进行了更加深入系统的研究，1982年使用基因重组技术的人类胰岛素被美国食品药品管理局（FDA）批准上市。现在已经有多种胰岛素类似物上市，例如甘精胰岛素、门冬胰岛素与精蛋白锌胰岛素等[7,8]（图2-2）。进入21世纪，多肽药物的研究进入高速发展时期。2000~2016年，有33个新的非胰岛素的多肽药物被批准上市（表2-3）。

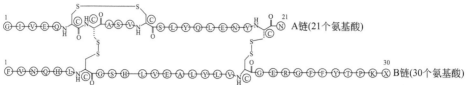

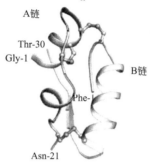

图 2-2　胰岛素的二级和三级结构[9]

猪胰岛素，X＝A；人胰岛素，X＝T

表 2-3　2000～2016 年被批准上市的非胰岛素多肽药物

药品名	批准时间/年	治疗领域	批准地区
阿托西班	2000	产科疾病	欧盟
他替瑞林	2000	中枢神经系统疾病	日本
阿肽地尔	2000	泌尿系统疾病	欧盟
卡贝缩宫素	2001	产科疾病	欧盟
奈西利肽	2001	心血管疾病	美国
特立帕肽	2002	骨质疏松	美国
恩夫韦地	2003	抗感染	美国
阿巴瑞克	2003	肿瘤	美国
齐考诺肽	2004	疼痛	美国
普兰林肽	2005	代谢疾病	美国
艾塞那肽	2005	代谢疾病	美国
艾替班特	2008	血液病	欧盟
罗米司亭	2008	血液病	美国
地加瑞克	2008	肿瘤	美国
米伐木肽	2009	肿瘤	欧盟

药品名	批准时间/年	治疗领域	批准地区
利拉鲁肽	2009	代谢疾病	欧盟
替莫瑞林	2010	抗感染	美国
鲁辛康坦	2012	肺部疾病	美国
培奈萨肽	2012	血液病	美国
帕瑞肽	2012	内分泌系统疾病	欧盟
卡非佐米	2012	肿瘤	美国
利那洛肽	2012	肠胃病	美国
替度鲁肽	2012	肠胃病	欧盟
利西那肽	2013	代谢疾病	欧盟
阿必鲁泰	2014	代谢疾病	欧盟
奥利万星	2014	抗感染	美国
度拉鲁肽	2014	代谢疾病	美国
阿法诺肽	2014	皮肤病	欧盟
伊沙佐米	2015	肿瘤	美国
卡贝缩宫素	2015	产科疾病	欧盟
甲状旁腺激素	2015	低钙血症	美国
利西那肽	2016	代谢疾病	美国
格佐匹韦	2016	传染病	美国

2016 年的多肽药物调研报告显示，全球范围内，有超过 50 个多肽药物在市场销售。同时还大约有 170 个多肽药物处于不同时期的临床测试阶段。数据显示，目前多肽药物主要关注在代谢疾病（metabolic）和肿瘤（oncology）方面。此外，多肽药物还在治疗泌尿系统疾病（urology）、呼吸系统疾病（respiratory）、疼痛（pain）、骨科疾病（orthopedics）、眼科疾病（ophthalmology）、不孕不育和产科疾病（infertility and obstetrics）、肝病（hepatology）、血液病（hematology）、肠胃病（gastroenterology）、内分泌系统疾病（endocrinology）、皮肤病（dermatology）、牙科疾病（dental）、中枢神经系统疾病（CNS）、心血管疾病（cardiovascular）、骨骼和结缔组织病（bones and connective tissues）方面，以及抗病毒和抗菌（antimicrobial and antiviral）、过敏免疫（allergy and immunolgy）和重症护理（critical care）方向都有上市批准药物或处于临床研究阶段药物[10]（图 2-3）。

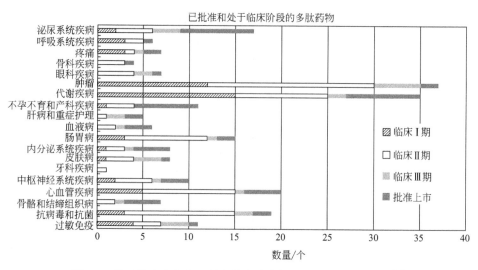

图 2-3　处于临床阶段和已批准的多肽药物数量（2016 年数据）[9]

根据美国市场调研机构 Evaluate Pharma 的预测，2014 年全球生物制药市场规模将达到 3830 亿美元[11]。多肽药物 2013 年的销售额约 280 亿美元，其中非胰岛素类多肽药物的销售额是 190 亿美元。而 2015 年，多肽药物全球销售额达到 500 亿美元，处于快速增长期。

根据 2015 年数据，年度销售额超过 10 亿美元的重磅多肽药物有格拉替雷（Copaxone®）、利拉鲁肽（Victoza®、Saxenda®）、奥曲肽（Sandostatin®）、特立帕肽（Forteo®）、促肾上腺皮质素（Acthar®）。因此，虽然多肽类药物的整体规模还较小，但随着合成技术的成熟以及制剂技术的发展，多肽类药物具有较大的发展空间。

多肽类药物是医药行业具有广泛市场前景的研发发展方向之一。随着生物技术和遗传工程领域的迅速发展，人们可以在短期内合成更多的多肽类药物，多肽类药物的开发也已经延伸到多个疾病治疗领域，包括抗感染、抗肿瘤、生理调节，以及治疗神经系统疾病、疼痛、心衰、骨质疏松、糖尿病等，可以预计多肽类药物的应用在不久的将来可能超越现存小分子化学药物。同时，由于大多数多肽类药物都具有直接口服无效、生物半衰期短、治疗周期长的缺点，因此，以改善患者依从性为目的，对现有多肽类药物进行二次开发也是具有商业价值的研发方向。

二、美容多肽

多肽应用到美容方面，是从铜肽在皮肤上的应用开始的。美国人罗伦·皮卡特（Loren Pickart）在 1973 年从血清中发现了铜肽[12]，其结构鉴定为 Gly-cyl-L-His-L-Lys 螯合铜离子。后续的研究发现，铜肽对治疗伤口和皮肤损伤非常有效，不但可减少瘢痕组织生成，同时能刺激皮肤自行愈合。在除皱方面，铜肽可以把日常的皮肤损伤降到最低程度，延缓老化现象。GHK-Cu 开启了多肽在皮肤护理方面应用的开端。随着对多肽研究的深入，人们发现多肽具有广泛的生理活性，如抗氧化、抗皱、美白、防过敏、皮肤修复、丰胸瘦身、抑制毛发生长等。现今多肽已经广泛应用到美容的各个领域。早期常用的美容多肽主要有 L-肌肽、谷胱甘肽等，目前美容护肤品市场上被广泛使用的一些多肽见表 2-4。随着时间的推移，具有新功能的美容多肽被逐渐进入市场，如 Progeline 新型肽（氟化肽的一种，具有保护皮肤构造的作用）、新型三肽 Syn-Hysan（能够有效促进皮肤中透明质酸的合成）[13]。

表 2-4　市场上用于皮肤护理的活性多肽及其功能

名称	活性和作用
三肽-2	通过 MMP-1 抑制的 ECM 刺激
三肽-1	ECM 通过生长因子刺激
乙酰基四肽-2	减少胸腺因子的损失
九肽-1	酪氨酸酶激活抑制
四肽-21	ECM 刺激
四肽-30	调节炎症

名称	活性和作用
棕榈酰六肽-14	皮肤修复
寡肽-10	皮肤保护
四肽-14	调节炎症
五肽-21	紫外线保护
乙酰基六肽-38	上调脂肪生成
乙酰基二肽-3 氨基己酸酯	上调 AMP
三肽-9 瓜氨酸	金属螯合
乙酰基六肽-37	上调水通道蛋白表达
乙酰基六肽-30	通过激酶抑制肌肉松弛
乙酰基四肽-22	上调热休克蛋白起保护
乙酰基六肽-39	抑制脂肪细胞分化
乙酰基金刚烷基二苯基甘氨酸	弹性蛋白酶抑制
棕榈酰三肽-40	上调黑色素
三肽-1	抑制胶原蛋白糖化
三肽-10 瓜氨酸	胶原蛋白纤维生成
乙酰基四肽-5	通过 ACE 抑制减轻水肿
五肽-3	通过模仿脑啡肽的类肉毒杆菌毒素
乙酰基六肽-8	通过 SNAP 受体蛋白(SNARE)抑制,类肉毒素作用
乙酰基八肽-1	通过 SNARE 抑制,类肉毒素作用
六肽-10	增加细胞增殖和层粘连蛋白 V
棕榈酰二肽-5-二氨基丁酰基	真皮表皮连接刺激
棕榈酰三肽-5	通过 TGF-β 合成胶原蛋白
二肽二氨基丁酰苄基酰胺二乙酸盐	类肉毒素作用,作用于乙酰胆碱受体
寡肽-20	MMP 抑制剂,作用于 TIMP
五肽-3 铜	类肉毒素作用,作用于乙酰胆碱受体
棕榈酰三肽-1	皮肤修复,增加胶原蛋白生成
三肽-38	通过信号转导 ECM 刺激
二肽-2	通过 ACE 抑制淋巴引流

皮肤活性多肽

名称	活性和作用
棕榈酰寡肽	通过信号转导胶原合成
棕榈酰四肽-7	通过减少 IL-6 来增加弹性
棕榈酰五肽-3	通过信号传导刺激胶原蛋白

总而言之，小分子美容多肽是一类具有特定氨基酸序列，结构单一、作用机制明确的小分子化合物。不同多肽具有不同功效，有些能捕捉和消除体内过多的自由基，抑制自由基的过氧化作用，使细胞功能恢复，保持机体活力，减少黑色素沉着的发生，阻止和推迟老年斑的出现；有些能促进表皮角质形成细胞分化，维持细胞正常代谢，延缓细胞衰老。此外，有些多肽还可以促进皮肤细胞外基质（ECM）的生成，淡化皱纹，紧致皮肤，维持皮肤的年轻状态。现今，市场上的一些品牌化妆品厂商均有添加多肽作为皮肤护理的活性物，使其得到了广泛的应用。本书后面的章节将详细介绍多肽在皮肤护理中的具体作用。

三、食物感官肽

食品感官肽包括呈味肽（甜味肽、酸味肽、苦味肽、咸味肽）、表面活性肽、营养肽。

甜味肽如阿斯巴甜二肽和阿粒甜素，其性质稳定，在食品工业中应用广泛。酸味肽的共同特点是由 Asp 和 Glu 这两种酸性氨基酸与其他氨基酸形成的寡肽或多肽。苦味肽可从发酵食品如奶酪、啤酒、可可等中分离出来，它是这些食物的基本咸味物质，使这些食品具有特殊的口感。咸味肽主要是碱性肽，可作为无钠调味剂，用于高血压等心脑血管病患者的饮食中。

表面活性肽是从酪蛋白、乳清蛋白、大豆蛋白和麸皮水解物中分离得到的某些肽，具有表面活性剂作用，有很好的稳定性和乳化能力。某些糖肽及其衍生物，也对一些食品和饮料的稳定性起着重要的作用。此外，对蛋白质进行适度水解，还可以提高其起泡性，如啤酒成分中含有高分子多肽、糖肽和类黑精，对泡沫的形成和稳定起关键的作用。

营养肽可增强人的免疫力、抗疲劳，是针对营养不良或吸收有问题的患者配备的多肽类食品。大量的研究表明，多肽作为营养物质，具有提高免疫、促进激素和酶抑制剂的分泌，以及抗菌、抗病毒、抗血脂等作用。人体内某些多肽的缺乏，会导致生理机能的改变。因此，以营养学角度采用、补充多肽，对促进机体体质的改善、增强抗病能力、延缓衰老等具有重要的意义。功能性食品的多肽大多数为天然蛋白质的分离提取物。

第四节 · 多肽的分类

目前，多肽尚无较为一致的分类方法，众多的文献显示，一般根据其结构、来源或是功能应用进行分类。根据多肽结构的不同，可以分为线性肽（linear peptide）、环肽（cyclic peptide）、富含二硫键的多肽（disulfide-rich peptide）、环酯肽（cyclo depsipeptide）、钉合肽（stapled peptide）、氮杂肽（aza peptide）、大环寡肽（cyclotide）、羊毛硫抗生素（lantibiotics）、AA 型多肽（AA-peptide）等。

相较于线性肽，环肽具有更好的抗蛋白酶水解稳定性、生理活性和选择性[14]。例如从天然产物中分离得到的环孢菌素（cyclosporin A），也是目前少数可以口服的多肽药物[15]。富含二硫键的多肽一般指含有 2 个及 2 个以上的二硫醚键的环肽，一般由少于 40 个氨基酸构成，具有广泛的用途[16,17]。从植物中提取的大环寡肽（如 Kalata B$_1$）和从毒液（如芋螺毒素系列）中提取的多肽都含有丰富的二硫键[18-20]。环酯肽是指有至少一个酰胺键被酯键取代的多肽，具有广泛的生理活性[21,22]。环酯肽分为两种，一种是"head-to-tail"首尾成酯键的环酯肽，如 Romidepsin（又叫 FK228 或 FR901228）[23]；另一种是"head-to-side-chain"首部和中间成酯键的环酯肽，如 Pipecolidepsin A[24,25]。钉合肽是通过烯烃复分解反应、Click 反应等合成方法连接多肽中间两个氨基酸进行修饰的肽[26,27]。羊毛硫抗生素（lantibiotics）是含有特定羊毛硫氨酸（lanthionine）基团的一类抗菌肽，如乳酸链球菌素（nisin）和乳链球菌素（lacticin 3147A1）[28]，其结构如图 2-4 所示。活性多肽的名称、类型及应用见表 2-5。

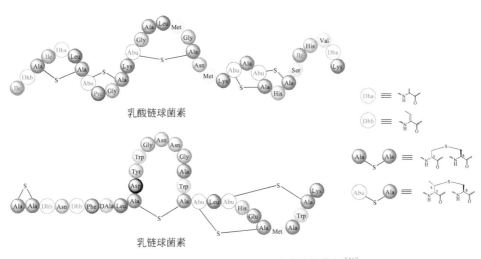

图 2-4　乳酸链球菌素和乳链球菌素结构图[29]

表 2-5　活性多肽的名称、类型及应用

多肽名称	多肽类型	适应证
环孢菌素 A	环肽	免疫抑制剂
膜海鞘素 A/B	环酯肽	癌症
罗米地辛	环酯肽	皮肤和外周 T 细胞淋巴瘤
Kalata B$_1$	大环寡肽	免疫抑制剂
齐考诺肽	富二硫键多肽	严重的慢性疼痛
利娜诺肽	富二硫键多肽	慢性便秘

多肽名称	多肽类型	适应证
艾塞那肽	线性肽	2 型糖尿病
MDM2/X 抑制剂	钉合肽	实体瘤（Ⅰ期）和淋巴瘤（Ⅱ期）
阿扎那韦	氮杂肽	抗反转录病毒，抗 HIV
Emricasan	AA 型多肽	肝肾疾病和糖尿病（Ⅱ期临床失败）

第五节 · 多肽的获取方法

目前，国内外获取功能性多肽的方法归纳起来一般包括化学合成法、分离提取法、基因重组法、酶降解法以及酸碱法。

一、化学合成法

化学合成法分为液相合成法和固相合成法，液相合成法是最早应用于多肽合成的方法。

1. 液相合成法

E. Fischer 于 1901 年首次报道了合成二肽化合物（Gly—Gly）（图 2-5），开启了多肽合成的序幕。1931 年，M. Bergmann 和 L. Zervas 报道了苄氧羰基（Cbz）作为氨基酸氨基的保护基应用于多肽合成中[29]。Cbz 作为保护基解决了长期以来氨基保护的问题，开启了多肽合成的新篇章。此后大量小分子多肽陆续被报道合成出来，例如谷胱甘肽（glutathione）[30]、肌肽（carnosine）的合成[31]。20 年后，V. Du Vigneaud 于 1953 年报道了生物活性八肽化合物催产素（oxytocin）的合成[32]，并于 1955 年获得了诺贝尔化学奖。

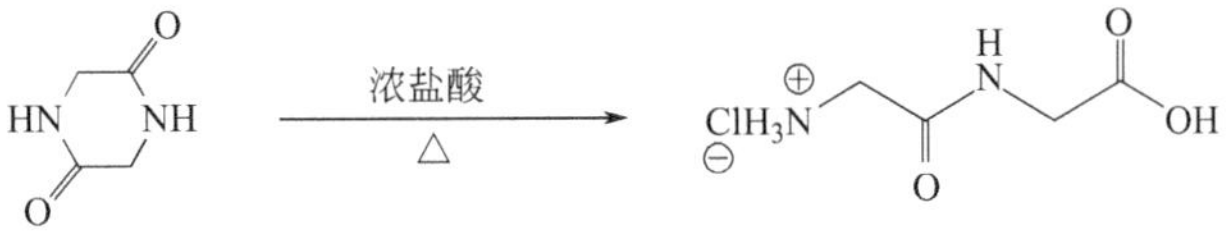

图 2-5　Fischer 首次人工合成的二肽

　　L. A. Carpino、F. C. McKay 和 N. F. Albertson 于 1957 年报道了用一种新型相对酸性稳定的叔丁氧羰基（BOC）保护基来保护氨基[33,34]。BOC 保护基在氢化反应、Birch 还原、强碱性试剂条件下都相对稳定。联合使用 BOC 和 Cbz 作为保护基，合成了一系列的多肽。在此期间的代表性成果是 R. Schwyzer 和 P. Sieber 于 1963 年报道合成了促肾上腺皮质素（adrenocorticotrophic hormone，ACTH）[35]（图 2-6）。

　　在新型氨基保护基发明的同时，也发明出了新型的氨基酸偶联试剂。J. C. Sheehan、G. P. Hess 和 H. G. Khorana 于 1955 年使用碳二亚胺型偶联试剂用来活化氨基酸的羧基，形成活性化合物，进行酰胺键的形成[36,37]。在活化羧基的过程中，会形成噁唑酮（oxazolone）中间体，从而发生消旋。后续报道了通过加入偶联助剂如 HOBt 等来减少消旋的产生。同时，更加新颖的偶联试剂也陆续报道出来，如 BOP、HATU 等。新型的保护基和偶联试剂的应用，极大地扩展了多肽合成的领域，合成了大量具有生物活性的多肽[38] 常用多肽偶联试剂及偶联助剂如图 2-7 所示。

2. 固相合成法

　　在多肽合成中，另一个突破性成果是诺贝尔化学奖得主 R. B. Merrifield 于 1963 年发表的文章《关于固相合成的原理和应用到多肽固相合成的实例》[39]。固相合成法（SPPS 技术）在多肽化学上具有里程碑的意义，多应用于合成中

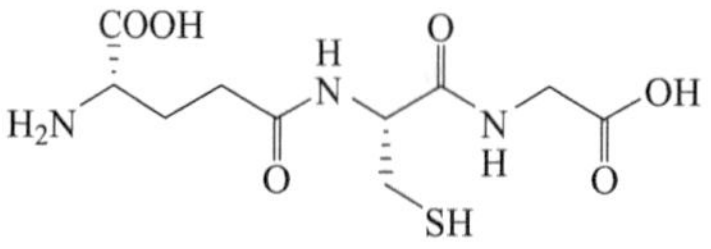

谷胱甘肽
C.R. Harington
1935

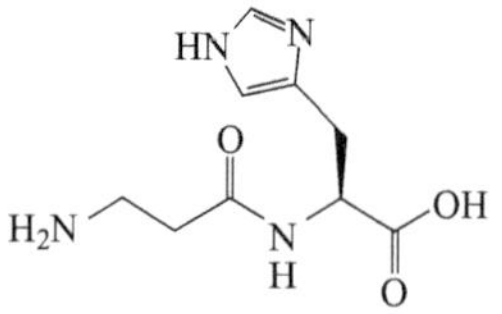

肌肽
R.H. Siefferd
1935

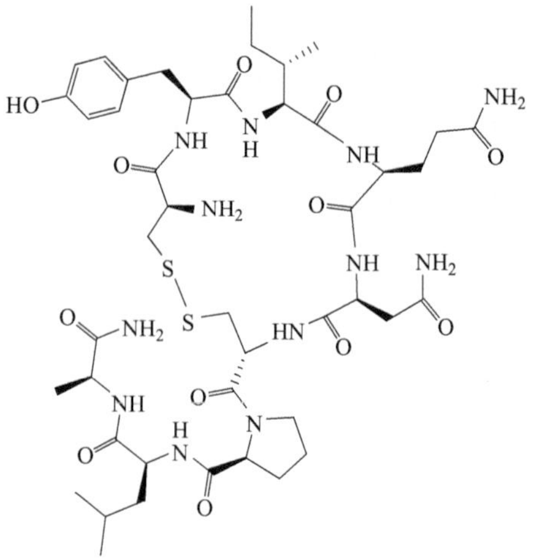

催产素
V.Du Vigneaud
1953

1   10   20

H-Ser-Tyr-Ser-Met-Glu-His-Phe-Arg-Tyr-Gly-Lys-Pro-Val-Gly-Lys-Lys-Arg-Arg-Pro-Val-

30

-Lys-Val-Tyr-Pro-Asp-Gly-Ala-Glu-Asp-Glu-Asp-Glu-Leu-Ala-Phe-Pro-Leu-Glu-Phe-OH

促肾上腺皮质素
R. Schwyzer
1963

图 2-6　具有代表性的活性多肽分子被首次合成的年代及其一级结构

链至长链的多肽。被合成的肽链可固定在固体支持物上，能全面保护官能团，具有产品纯度高、操作方便、技术成熟、容易实现自动化的特点。由于其合成方便、迅速，成为中链至长链多肽合成的首选方法。SPPS 其实就是一个重复氨基酸偶联—脱保护—偶联，最后裂解纯化的过程。固相合成顺序一般是从 C 端向 N 端合成，合成原理如图 2-8 所示。

　　将固相合成与其他技术区别开来的最主要的特征是固相载体。能用于多肽合成的固相载体必须满足如下要求：必须包含反应位点（或反应基团），以使肽链连在这些位点上，并在以后除去；合成过程中的物理和化学条件必须稳定；必须允许载体在不断增长的肽链和试剂之间快速地、不受阻碍地接触；另外，必须允许载体提供足够的连接点，以使每单位体积的载体给出有用产量的

皮肤活性多肽

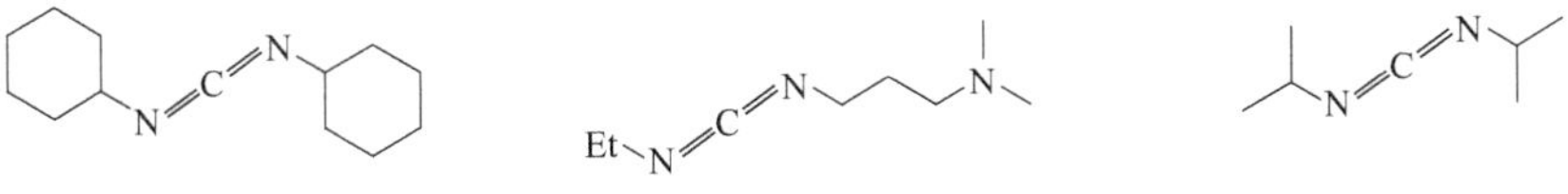

(a) 碳二亚胺型偶联试剂

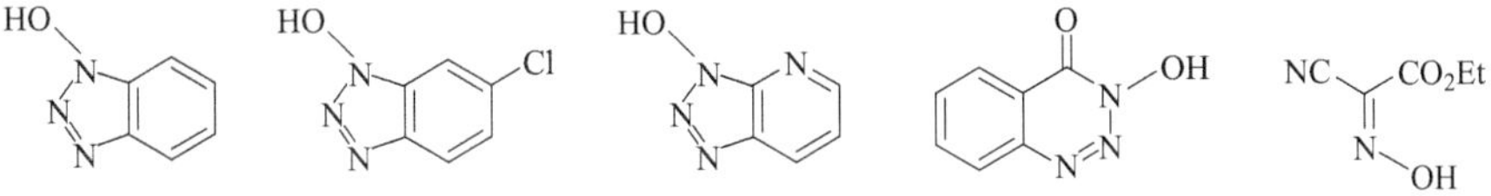

DCC
N, N′-二环己基碳酰亚胺

EDC
1-乙基-3-(3-二甲基氨丙基碳二亚胺)

DIC
N, N′-二异丙基碳二亚胺

HOBt 6-Cl-HOBt HOAt HODhbt Oxyma

(b) 偶联助剂

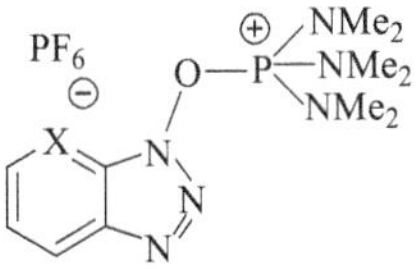

BOP：X=C
AOP：X=N

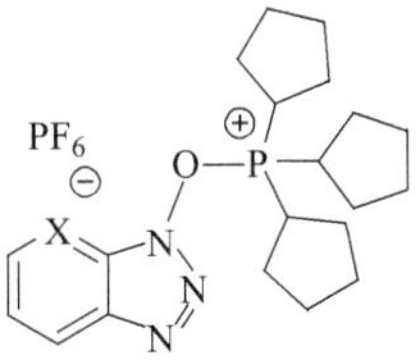

PyBOP：X=C
PyAOP：X=N

(c) 膦偶联试剂

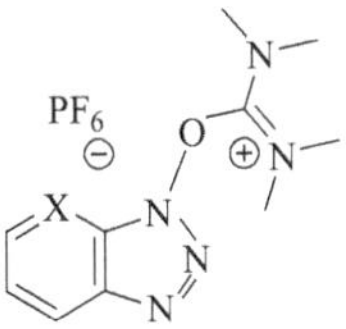

HBTU：X=C
HATU：X=N

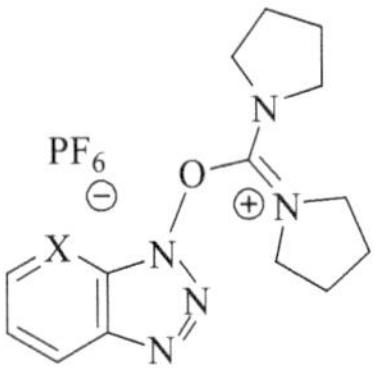

HBPyU：X=C
HAPyU：X=N

(d) 脲偶联试剂

图 2-7 常用多肽偶联试剂及偶联助剂

肽，并且必须尽量减少被载体束缚的肽链之间的相互作用。

用固相合成法合成多肽的高分子载体主要有三类：聚苯乙烯-苯二乙烯交联树脂、聚丙烯酰胺、聚乙烯-乙二醇类树脂及衍生物。这些树脂只有引入相应的连接分子，才能直接连上（第一个）氨基酸。根据所连接的分子的不同，又把这些树脂及树脂衍生物分为氯甲基树脂、羧基树脂、氨基树脂或酰肼型树脂。

固相多肽合成法目前主要分为 FMOC 固相合成法和 BOC 固相合成法两种方法。α-氨基用 BOC（叔丁氧羰基）保护的称为 BOC 固相合成法，即 Merri-

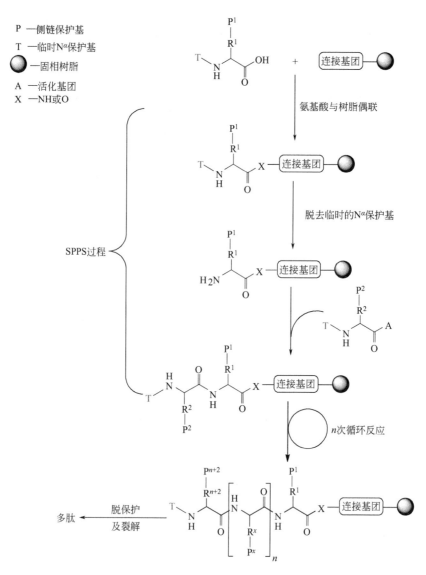

图 2-8 固相多肽合成原理

field 固相合成，其反应条件脱保护需要三氟乙酸（TFA），从树脂切除需要用到腐蚀性的氢氟酸，逐渐不被采用；α-氨基用 FMOC（9-芴甲基氯甲酸酯）保护的称为 FMOC 固相合成法，是由 Atherton 和 Shepard 所发现的[40]。因为 FMOC 保护基采用哌啶脱去，以及产物从树脂上切下时反应条件温和，而且与 BOC 固相合成法相比，其副反应少，所以 FMOC 固相合成法现在已经被广泛使用。常用 FMOC、BOC 固相多肽合成树脂分别见表 2-6、表 2-7。

表 2-6　常用 FMOC 固相多肽合成树脂

名称	结构	裂解剂
Wang 树脂		95% TFA
2-Chlorotrityl 树脂		1% TFA 的 CH_2Cl_2 溶液
Rink Amide 树脂		95% TFA
Sieber Amide 树脂		1%～3% TFA
PAL 树脂		95% TFA
Wang HMPA 树脂		95% TFA
Wang HMbA 树脂		$NaBH_4$/EtOH

名称	结构	裂解剂
Aryl hydrazide 树脂		Cu(OAc)$_2$、RNH$_2$ 或 Cu(OAc)$_2$、ROH、哌啶
BAL 树脂		1%～3% TFA
4-Suifamyibutyryi 树脂		① TMSCH$_2$N$_2$； ② RSH

表 2-7　常用 BOC 固相多肽合成树脂

名称	结构	裂解剂
Merrifield 树脂		HF、对三氟甲基水杨酸（TFMSA）
PAM 树脂		HF、TFMSA
Oxime 树脂		NaOH/1,4-二氧杂环己烷

名称	结构	裂解剂
MBHA 树脂		HF、TFMSA
Brominated PPOA 树脂		$NH_2NH_2/N,N$-二甲基甲酰胺(DMF)

　　使用固相和液相多肽合成方法相结合，合成了更多的复杂多肽。近些年发展的化学链接法（chemical ligation）和自然化学链接法（native chemical ligation）主要应用于大于 50 个氨基酸的蛋白质合成，相关的文献很多，这里就不再详细介绍。

二、分离提取法

　　分离提取法主要用于来源于人和动物的血液、组织、腺体、器官等的多肽的获取。先对含有目标多肽的组织或细胞进行破碎，然后再分离纯化。多肽的提取一般以水溶液为主，稀盐溶液和缓冲液对肽类的稳定性好、溶解度大，是最常用的溶液。用水溶液提取多肽，需注意盐溶变化、pH 值和温度等因素的影响，必要时控制这些因素，以减少提取物对多肽的干扰。对一些较难溶于水、稀盐、稀酸或稀碱溶液的多肽，就需要用不同比例的有机溶剂来提取，常用的有机溶剂有乙醇、丙酮、异丙醇和正丁酮等。另外还有用分离纯化法、盐析法、色谱法（高效液相色谱法、离子交换色谱法、凝胶色谱法、反向高效液相色谱法、亲和色谱法）、高效毛细血管电泳法（毛细管等电聚焦电泳、毛细管凝胶电泳、毛细管区带电泳）等方法获取多肽。

由于生物体内多肽的含量很低，如果把需要的活性肽直接从相应的组织或器官中提取出来，势必需要多次的抽提和精炼步骤，以及大量原料，这将造成很高的加工制造成本。因此，利用分离提取法获取多肽对于大规模工业化生产是难以实现的，而且成本高，现在已经逐步被化学合成法和基因重组法所替代。

三、基因重组法

基因的表达包括相应的 mRNA 合成（转录）和蛋白质合成（翻译）。在微生物体内进行外来基因的蛋白质生物合成，依赖于微生物遗传物质和编码目标蛋白的重组 DNA 片段。具体步骤如下：第一步，从供体中分离出编码蛋白的 DNA 片段；第二步，将 DNA 分子插入表达载体上；第三步，将载体转染到宿主体内；第四步，培养宿主组织，进行基因的扩增、mRNA 的合成和多肽的合成；第五步，纯化重组多肽（图 2-9）。通常根据宿主细胞的不同将多肽药物重组技术分为多肽药物的真核表达、多肽药物的原核表达两类。真核表达的多肽具有定向性强、产品安全卫生、原料来源广泛和成本低等优点，可以得到质量高、疗效好且活性与天然多肽相当的多肽类药物。目前，真核宿主细胞主要有酵母菌、动物和昆虫细胞等，而酵母菌在真核表达中最常用。原核表达系统中所应用的宿主细胞包括大肠杆菌、沙门氏菌、枯草芽孢杆菌等，其中大肠杆菌为最常用的原核宿主细胞。利用原核表达重组技术，可以大量高效地合成多种生物活性多肽，即可通过设计合适的 DNA 模板来控制多肽的序列，为多肽药物的基因合成奠定了基础。

基因重组多肽合成（recombinant peptide synthesis）相比固相合成，适合于含 15～40 个氨基酸及其以上的多肽，纯度要比固相合成的高，并且易于纯化。但是基因重组多肽合成技术受限于天然氨基酸的多肽合成。对于含有非天然氨基酸的多肽，可以采用基因重组和化学合成相结合的办法。对于同样质量的 1g 产品，基因重组多肽合成要比固相合成所需的原料少很多，更加绿色环保。但是对于从实验室到工业的放大生产，基因重组多肽合成技术需要准备的时间更长（12～18 个月）。

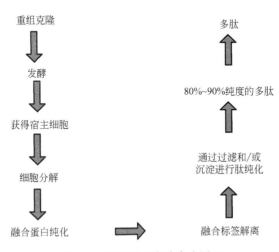

图 2-9　基因重组多肽合成原理

四、酶降解法

用生物酶催化蛋白质降解得到多肽，也叫蛋白质的降解或蛋白质的水解，包括胰酶法生产肽、细菌酶法生产肽、混合酶法生产肽、植物酶法生产肽、蛋白酶法生产肽等。用这种方法获得的多肽叫"酶法多肽"，其中以蛋白酶对卵蛋白、乳蛋白、酪蛋白、鱼蛋白等动物蛋白降解获得的多肽居多。针对不同蛋白质，用个性配方或单体酶催化蛋白质是目前全世界研究的重要课题，也是当今蛋白质降解、人工合成多肽的前沿科学。利用酶解法制备多肽是目前常用的方法。酶解法生产多肽工艺的一般流程为：选择原料蛋白→预处理→酶解→分离→精制→成品。其中，酶的种类和水解条件的选择是制备多肽的关键。

酶解是一种温和的水解方法，一般不会导致营养损失和安全问题，因而被用于食品和保健品领域。有研究显示，用酶解法将大豆分离蛋白降解（催化）成分子量分布在813～170之间的活性肽。2004年，诺贝尔化学奖颁发给了发现人体细胞内蛋白质降解机制的两位以色列科学家和一位美国科学家。但此法往往得到一系列多肽，分离纯化难度较大，因此不适于得到纯肽。此外，由于酶往往具有很强的特异性，有时需要切断多种结构单元，则需要寻找多种酶，增加了该方法的应用难度和范围。

五、酸碱法

酸解法就是利用食品工业的化学强酸降解（催化）食物大分子蛋白质。该方法投资大、设备复杂、工艺烦琐，所获得的多肽的氨基酸组成不稳定。

碱解法类似于酸解法，即利用食品工业的化学强碱降解（催化）食物大分子蛋白质。其缺点与酸解法一样。

根据多肽的性质和数量，可以选择不同的方法。每一种方法也各有其优缺点，表2-8比较了几种常用方法的特性。

表2-8 几种常用的多肽合成方法比较

项目	固相合成法	液相合成法	酶解法	基因重组法
一般规模	毫克级至千克级	克级至吨级	克级至吨级	克级至千克级
多肽长度	中、长链	短、中链	短链	长链、蛋白质
官能基保护	全面保护	部分或全面保护	部分或最少保护	不需要保护
反应条件	温和	苛刻	温和	温和
消旋现象	有时会发生	有时会发生	不发生	不发生
产品纯度	高	高	中	高
应用与展望	技术较成熟，但成本较贵，可生产高价值的多肽	一般用于实验室及工业生产中，成本高，用于生产高价值的短链或中链多肽	成本相对较低，一般用于工业中，特别适合生产食品配料用多肽	成本低，目前处于发展阶段，一般应用于实验室和工业中，适用于长链多肽的生产

参考文献

［1］Fischer E，Fourneau E. Ueber einige Derivate des Glykokolls［J］. Ber Dtsch Chem Ges，1901，34：2868-2879.

［2］陈栋梁.多肽营养学［M］.武汉：湖北科学技术出版社，2006.

［3］(瑞典)卡尔·布兰登（Carl Branden），(英)约翰·图兹（John Tooze）.蛋白质结构导论［M］.王克夷，龚祖坝，译.上海：上海科学技术出版社，2007.

［4］Weiland T，Bodanszky M. The World of Peptides：A Brief History of Peptide Chemistry［M］. Berlin-Heidelberg：Springer Verlag，1991.

［5］Kastin A. Handbook of Biologically Active Peptides. 2nd ed.［M］ Cambridge MA：Academic Press，2013.

［6］Bliss M. Discovery of Insulin［J］. Chicago IL：University of Chicago Press，1982.

［7］Mathieu C，Gillard P，Benhalima K. Insulin analogues intype 1 diabetes mellitus：getting better all the time［J］. Nat Rev Endocrinol，2017，13：385.

［8］Zaykov A N，Mayer J P，DiMarchi R D. Pursuit of a perfect insulin［J］. Nat Rev Drug Discovery，2016，15：425-439.

［9］Henninot A，Collins James C，Nuss John M. The Current State of Peptide Drug Discovery：Back to the Future?［J］. NussJournal of Medicinal Chemistry，2018，61（4）：1382-1414.

［10］Lau J L，Dunn M K. Therapeutic peptides：Historicalperspectives，current development trends，and future directions［J］. Bioorg Med Chem，2018，26：2700-2707.

［11］谢华玲、陈芳，LiuC，等.全球生物制药领域研发态势分析［J］.中国生物工程杂志，2019，39（5）：1-10.

［12］Pickart L，Thaler M M. Tripeptide in human serum which prolongs survival of normal liver cells and stimulates growth in neoplastic liver［J］. Nature New Biology，1973，243（124）：85-87.

［13］陈雷，赵瑞芳，吕彩虹，等.生物活性美容多肽的研究进展综述［J］.中西医结合心血管病杂志，2019，7（7）：38.

［14］Davies J S. The cyclization of peptides and depsipeptides［J］. J Pept Sci，2003，9：471-501.

［15］Dreyfuss M，Harri E，Hofmann H，Kobel H，Pache W，Tscherter H. Cyclosporin Aand C：new metabolites from trichoderma polysporum［J］. Eur J Appl Microbiol，1976，3：125-133.

［16］Gongora-Benitez M，Tulla-Puche J，Albericio F. Multifaceted roles of disulfide bridges［J］. Peptides as therapeutics Chem Rev，2014，114：901-926.

[17] Cheek S，Krishna S S，Grishin N V. Structural classification of small，disulfide-rich protein domains [J]. J Mol Biol，2006，359：215-237.

[18] Halai R，Craik D J. Conotoxins：natural product drug leads [J]，Nat Prod Rep，2009，26：526-536.

[19] Akondi K B，Muttenthaler M，Dutertre S，Kaas Q，et al. Discovery，synthesis，and structure-activity relationships of conotoxins [J]. Chem Rev，2014，114：5815-5847.

[20] Weidmann J，Craik D J. Discovery，structure，function，and applications of cyclotides：circular proteins from plants [J]. J Exp Bot，2016，67：4801-4812.

[21] Andavan G S B，Lemmens-Gruber R. Cyclodepsipeptides from marine sponges：natural agents for drug research [J]. Mar Drugs，2010，8：810-834.

[22] Sivanathan S，Scherkenbeck J. Cyclodepsipeptides：a rich source of biologically active compounds for drug research [J]，Molecules，2014，19：12368-12420.

[23] Ueda H，Nakajima H，Hori Y，Fujita T，Nishimura M，Goto T，et al. FR901228，anovel anti-tumor bicyclic depsipeptide produced by Chromobacterium violaceum No. 968. I. Taxonomy，fermentation，isolation，physico-chemical and biological properties，and antitumor activity [J]，J Antibiot，1994，47：301-310.

[24] Pelay-Gimeno M，Tulla-Puche J，Albericio F. "Head-to-side-chain" cyclodepsipeptides of marine origin [J]. Mar Drugs，2013，11：1693-1717.

[25] Pelay-Gimeno M，Garcia-Ramos Y，Martin M J，et al. The first total synthesis of thecyclodep-sipeptide pipecolidepsin A [J]. Nat Commun，2013：2352.

[26] Verdine G L，Hilinski G J. Stapled peptides for intracellular drug targets [J]. Methods Enzymol，2012，503：3-33.

[27] Lau Y H，de Andrade P，Wu Y，Spring D R. Peptide stapling techniques based on different macro-cyclisation chemistries [J]. Chem Soc Rev，2015，44：91-102.

[28] Chatterjee C，Paul M，Xie L L，van der Donk W A. Biosynthesis and mode of action of lantibiotics [J]. Chem Rev，2005，105：633-683.

[29] Bergmann Max，Zervas Leonidas. Uber ein allgemeinesVerfahren der Peptid-Synthese [On a general method of peptide synthesis] [J]. Berichte der deutschen chemischen Gesellschaft，1932，65 (7)：1192-1201.

皮
肤
活
性
多
肽

［30］ Harington C R，Mead T H. Synthesis of Glutathione ［J］. Biochem J，1935，29：1602-1611.

［31］ Sifferd R H，du Vigneaud V. A new synthesis of carnosine，with some observations on the splitting of the benzyl group from carbobenzoxy derivatives and from benzylthioethers ［J］. J Biol Chem，1935，108：753-761.

［32］ du Vigneaud V，Ressler B，Swan J M，Roberts J M，Katsoyannis C W. The synthesis of oxytocin ［J］. J Am Chem Soc，1954，76：3115-3121.

［33］ Carpino L A. Oxidative reactions of hydrazines. IV. Elimination of nitrogen from 1，1-disubstituted-2-arensulfonhydrazides ［J］. J Am Chem Soc，1957，79：4427-4430.

［34］ McKay F C，Albertson N F. New amine-masking groups for peptide synthesis ［J］. J Am Chem Soc，1957，79：4686-4690.

［35］ Schwyzer R，Sieber P. Total synthesis of adrenocorticotrophic hormone ［J］. Nature，1963，199：172-174.

［36］ Sheehan J C，Hess G P. A new method of forming peptides bonds ［J］. J Am Chem Soc，1955，77：1067-1068.

［37］ Khorana H G. The use of dicyclohexylcarbodiimide in the synthesis of peptides ［J］. Chem Ind （London），1955，33：1087-1088.

［38］ El-Faham A，Albericio F. Peptide Coupling Reagents，More than a Letter Soup ［J］. Chemical Reviews，2011，111 （11）：6557-6602.

［39］ Merrifield R B. Solid phase peptide synthesis. I. The synthesis of a tetrapeptide ［J］. J Am Chem Soc，1963，85：2149-2154.

［40］ Carpino L A，Han G Y. The 9-fluorenylmethoxycarbonyl function，a new base-sensitive amino-protecting group ［J］. J Am Chem Soc，1970，92：5748-5749.

（刘　琦　吕庆琴）

第三章

多肽的透皮给药系统

第一节 · 概述

透皮给药系统或称透皮治疗系统（transdermal therapeutic systems，TTS）[1~5]，是指在皮肤表面给药，药物由皮肤给药途径转运至局部组织或随全身血液循环，继而发生局部或全身作用的新制剂。广义的透皮给药系统包括透皮药物递送系统（transdermal drug delivery systems，TDDS）和皮肤局部药物递送系统（topical drug dilivery systems），前者是药物通过皮肤进入血液，后者作用于皮肤或皮下组织[2]。

透皮治疗系统的设计目的是通过皮肤向系统循环提供可控的连续药物输送。皮肤具相对不渗透性，对外可以抵御微生物、紫外线、化学性刺激的侵害，对内可以防止体内水分、电解质、营养物质流失，确保人体在复杂多变的外部环境中维持内环境的相对稳定[6]。人体皮肤的这种保护功能对能够通过皮肤保护屏障的药物类型施加了物理化学限制。

一般来说，药物对皮肤的渗透性依赖于不同的因素，如物质的理化性质（如酸解离常数 pK_a、分子大小、稳定性、亲和力、溶解度、分配系数等），渗透时间，皮肤的完整性、厚度和构成，皮肤的新陈代谢，使用的部位、区域以及持续时间，经皮使用的器械等[7]。具有理想的皮肤渗透性的药物一般满足以下条件[5,7,8]：分子量应小于 500；药物应同时具有亲脂性和亲水性；有合适的溶解度（＞1mg/mL）；分子内部很少甚至无极性中心；在辛醇/水两种溶剂中的分配系数在 1~3 之间。

因此，国内外对药物的透皮给药系统研究主要集中在药物的渗透性、药动学分析和促渗剂的选用等几个方面。化妆品透皮给药（也有文献称"透皮吸收"）的概念和技术则来源于现代药剂学。物质透皮作用的全过程：透皮渗透、皮肤吸收、在作用部位积聚。化妆品功效成分的透皮吸收，是指化妆品的功能性成分通过皮肤，并到达不同皮肤层发挥各种作用的过程。化妆品与药物"透皮传输"的主要区别在于，化妆品功能性成分透皮渗透后，作用于皮肤表面或进入表皮、真皮，不需要透过皮肤进入体循环。如防晒产品中的紫外线（UV）吸收剂，应滞留在皮肤表面，起吸收和反射紫外线的作用；美白产品应渗透作用于表皮基底层，抑制黑素细胞的活性，阻断黑色素的产生；对治疗由胶原蛋白缺失所引起的皮肤老化类产品，其成分应该作用于皮肤真皮层的成纤维细胞，促进胶原蛋白的生成，从而达到抗衰老的目的[9]。

多肽作为一种功效性成分，几乎在人体的细胞中都有表达，并调节着人体的多种生理功能，最开始作为药物应用于医疗领域，其透皮给药系统的研究也由此兴起。研究发现，皮肤活性多肽具有多种类别，已涉及美白亮肤、抗衰老、祛眼袋、抗过敏、促进毛发生长等不同功效，其活性强、安全性高、对人体无副作用，已成为化妆品中新兴的重要活性原料。因此，多肽的透皮给药也成为化妆品研究的热点。

第二节 · 透皮给药系统途径与机制

一、透皮给药系统途径

为了理解透皮给药系统的概念，有必要回顾人体皮肤的结构和生化特征，以及那些屏障功能和有助于药物通过皮肤进入人体速率的特征。皮肤角质层是类脂分子形成的多层脂质双分子层，结构致密，无血管和淋巴管，是药物透皮吸收的主要屏障。体外物质透过角质层也是透皮吸收的主要限速步骤。

透皮给药系统主要与角质层相关，其途径主要有 3 种[3,10]：角质层途径（stratum corneum）、毛囊途径（hair shaft）和汗管途径（sweat duct），如图 3-1。其中，毛囊和汗管作为皮肤附属器，这两条通路通常被称为"旁路"（paracellular route）。药物通过皮肤附属器的穿透速率要比表皮途径快，但由于皮肤附属器与整个皮肤表面积相比，占比不到 1%，因而被认为在透皮吸收中的贡献不大，不能成为主要的吸收途径。此外，该途径通过皮肤中的药物的稳态流量（steady-state flux）仅仅为 0.1%，故也常被忽略不计。但是，通过附属器途径吸收可能对药物使用和稳态流量建立的早期研究具有重要作用。对于一些离子型药物及水溶性的大分子，由于难以通过富含类脂的角质层，皮肤透过率低，因而，此途径可作为离子、极性分子、聚合物（polymers）和胶体粒子（colloidal particles）透过皮肤的一个重要通路。

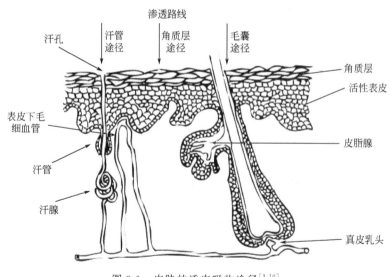

图 3-1　皮肤的透皮吸收途径[3,10]

在离体透皮吸收试验中，将皮肤角质层剥除后，物质的渗透性可增加数十倍甚至数百倍。对于分子量小的药物，能在角质层中扩散，尽管数量上有限，但扩散速率越往里越大。在角质层中的扩散途径有两种：通过细胞间隙扩散（intercellular route）和通过细胞膜扩散（transcellular route），如图 3-2。一般认为脂溶性、非极性物质易通过细胞间隙的脂质双分子层扩散，而水溶性和极性物质易通过角质细胞膜扩散[9]。

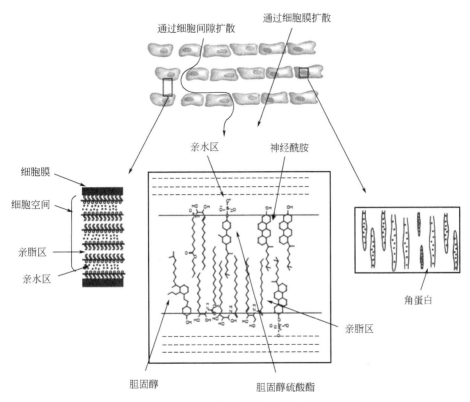

图 3-2　角质层胞间与胞膜渗透途径示意[3,10-12]

二、透皮给药系统机制

1. 扩散理论

长期以来，众多学者把扩散模型作为说明药物透皮渗透的主要模型。药物或其他功效性成分渗透皮肤角质层遵循 Fick's 第一扩散定律[8,9,13]：

$$J_{ss} = \frac{K_s \times D}{h} \times \Delta c_v \times A \tag{3-1}$$

式中，J_{ss} 为药物流量（drug flux），也称扩散通量（diffusion flux）；K_s 为分配系数（partition coefficient）；D 为扩散系数（diffusion coefficient）；h 为扩散路径长度（diffusional path length）或角质层厚度（thickness of SC）；Δc_v 为药物浓度梯度（concentration gradient of drug）；A 为皮肤表面处理面积（skin surface area treated）。

这个定律可以尝试操纵这些参数（K_s、D、Δc_v）中的任何一个，以影响通过皮肤的药物传递。早期的研究集中在药物分子的化学修饰上，通过生产具有最佳脂溶性的衍生物来增加药物的流通量。这一概念也适用于前药疗法，在这种疗法中，不活跃但高度可吸收的前药分子随后在皮肤内被激活。然而，这种方法在蛋白质和 DNA 中很少可行。因此，剩下的最可行的选择可能涉及皮肤屏障的操作。为了增强药物传递，必须通过合适的药物或药物载体在皮肤内进行改变结构，这一过程可能涉及几种途径中的一种或多种。为了影响跨细胞途径（极性途径），即通过细胞内蛋白质基质的膨胀来增强穿透力，可能有必要改变角质细胞内的蛋白质结构。药物分子通过细胞间的途径有脂质体途径或水性途径。在脂质体途径中，通过增加脂质极性头群的水合作用，改变细胞间脂质双层的结晶度，可以增强渗透性；通过增强分子的局部富集，也可以促进脂质双层之间的水空间中药物分配的增加。最后，药物可以通过皮肤附属器如毛囊渗透[13]。因此，扩散理论能较全面地说明各个因素对透皮吸收的影响。

2. 渗透压理论

渗透压理论基于把角质层看成是一层半透膜，只允许某种混合物中的一些物质透过，而不允许另一些物质通过。半透膜隔开有浓度差别的溶液，其溶剂通过半透膜由高浓度溶液向低浓度溶液扩散的现象称为渗透，为维持溶液与纯溶液之间的渗透平衡而需要的超额压力称为渗透压。必须要具备两个条件：一是半透膜的存在；二是半透膜两侧的溶液浓度不同。溶液渗透压一般用以下公式表示，该公式称为范特霍夫公式（Van't Hoff equation），也叫渗透压公式[9]：

$$\pi V = n\,RT \text{ 或 } \pi = c\,RT \qquad\qquad (3\text{-}2)$$

式中，π 为稀溶液的渗透压，kPa；V 为溶液的体积，L；c 为溶液的浓度，mol/L；R 为气体常数，8.31kPa·L·K^{-1}·mol；n 为溶质的物质的量，mol；T 为热力学温度，K。

从此看出，增加有效成分的浓度或温度时，都可增加溶液的渗透压 π 值，促进有效成分的吸收。并且当涂抹力度增大、涂抹时间加长时，也相当于施加了一个外力，使压力大于 π 值，增强了物质透皮能力。这就解释了为什么轻拍脸部以及打圈按摩可促进皮肤对护肤品的吸收。

3. 水合理论

在一定条件下角质层能持续过量地吸收水分，称为水合作用。正常相对湿度下的角质层含水量在 15％～20％，若增加皮肤含水量则增加了皮肤角质层的弹性与渗透性，而减少皮肤含水量则会得到相反的效果。吸水性基质和乳化基质具有吸水和含水特性，容易与皮肤分泌物混合、乳化。当皮肤角质层吸收水分使皮肤处于水合状态时，皮肤的水合作用通常有利于透皮吸收，其作用机制为（图 3-3）：当提高皮肤角质层细胞的角蛋白中含氮物质的水合作用后，引起细胞自身发生膨胀，使结构变得疏松，物质的渗透性增加，这时水溶性和极性物质更容易从角质层细胞渗透；另有研究表明，角质层不仅会膨胀，而且会产生多重褶皱，从而导致表面积增加 37％。角质层的含水量达 50％ 时，药物的渗透可增加 5～10 倍。水合作用对水溶性药物的促进吸收比对脂溶性药物更显著[9,11,14]。

因此，经常通过添加保湿剂来增加对化妆品有效成分的吸收；另外也可以利用促渗剂提高角质层蛋白中含氮物质与水的结合能力，提高水合作用，有利于有效成分穿透，从而进一步促进吸收。例如可在化妆品中加入保湿剂（如丙二醇、甘油），提高对有效成分的吸收；或采用贴式的面膜使局部皮肤封闭起来，成为隔绝湿气的屏障（汗水不能通过），使皮肤水合作用程度增加。

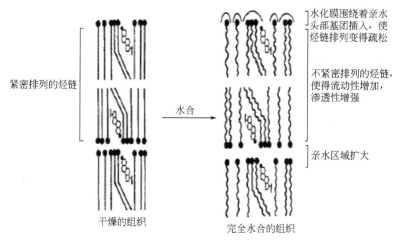

图 3-3　水合作用增加了角质层流动性示意[11]

4. 相似相溶理论

"相似相溶"是一个众所周知的溶解规律，主要是指"极性溶质溶于极性溶剂，非极性溶质溶于非极性溶剂"。角质层的特殊结构既阻止了皮肤表皮中水分的散失，又阻止了外界物质的进入，由于具有高度亲脂性结构，因而成为大分子、亲水性物质的天然屏障。在透皮吸收中，非极性物质易通过富含脂质部位（细胞间通道）跨越细胞屏障，极性物质则依靠细胞转运（细胞内通道）。一般而言，由于细胞通道间的脂质双分子层比角质层细胞阻力小，因而脂溶性成分即油/水分配系数大的成分较水溶性或亲水性的成分更易于通过角质层[9]。

对于不同剂型的透皮吸收，其吸收顺序如下：油/水型＞水/油型＞油型＞动物油＞羊毛脂＞植物油＞烃类基质。剂型组成与皮肤越相似，吸收顺序就越靠前。其中，油/水型比水/油型更容易吸收，是因为基质中水分使角质层的水合力增加，这就用到了前面的水合理论。"相似相溶"机制也可以用来解释亲脂性前体药物和近年来研究较热的脂质体[15-17]更容易透皮的机制（图 3-4）。

由于脂质体与细胞膜组成相似，可显著增强细胞对有效成分的摄取，其在

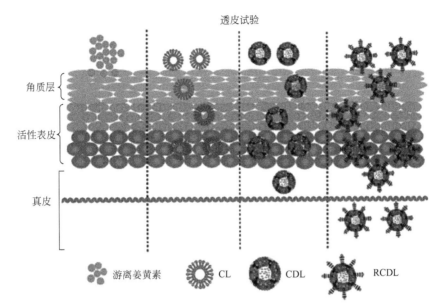

图 3-4　不同形式纳米脂质体载体透皮给药示意[15]

CL—常规纳米脂质体；CDL—碳点修饰纳米脂质体；RCDL—R9 共轭 CDL

体内的组织处置以及在细胞水平上的作用机制有吸附、交换、融合、内吞、渗透和扩散等，如图 3-4。脂质体在一定条件下稳定吸附于细胞表面，然后脂质体的脂类与细胞膜上脂类发生交换，这次交换仅发生在脂质体双分子层和细胞膜外部的单分子层之间，此时脂质体内含物并没有进入细胞或组织内部。最后脂质体将通过内吞、融合、渗透、扩散等方式将内含物释放到细胞或组织中。

5.结构变化理论

此理论认为促渗剂进入皮肤后，破坏角质层中类脂的结构，使扁平角化细胞的有序叠集结构发生改变，降低脂质排列的有序性，使类脂完全流化，从而促进有效成分顺利地通过。结构变化理论的应用范围很广泛，很多促渗方法的作用机制都可以用它来解释。促渗剂能可逆改变脂质的排列构型，使细胞间隙通道的透过能力增大，从而有利于药物或营养素透过角质层发挥作用。

第三节·透皮促进技术

一、透皮给药的物理技术

透皮给药的物理技术指应用物理方法改变角质层结构从而扩大透皮给药途径，常用的技术有微针（microporation）、离子导入（iontophoresis）、电穿孔（electroporation）、超声波（ultrasound waves）、激光（laser）等，如图3-5。

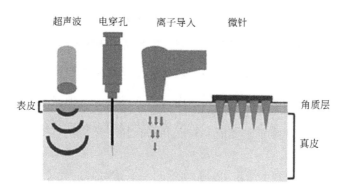

图 3-5　透皮给药传递的物理增强方式[15]

1. 微针透皮释药技术

微针透皮释药技术是指通过微针对皮肤形成微米大小的通道，以帮助药物分子透皮传递。这些通道可绕过角质层屏障进入表皮层[16]。微针最初是由硅、金属或其他材料通过微电子制造技术或微铸模技术制成的直径为 $30\sim80\mu m$、长度为几百微米不等的细小的针。它能有效地刺穿皮肤角质层，通过在皮肤表面形成微小通道，使药物到达指定的深度，被吸收进入相应的靶点而发挥作用，是一种集透皮贴片与皮下注射双重释药特点于一体的微侵袭透皮给药系统（图 3-6）。

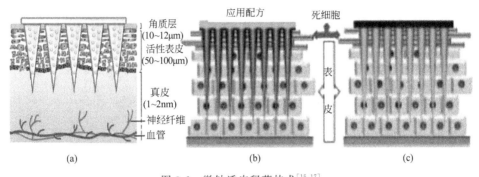

图 3-6　微针透皮释药技术[15,17]

（a）微针的结构；（b）应用配方的空心微针；（c）固体微针

一般而言，角质层的厚度为 $10\sim40\mu m$，表皮层的平均厚度为 $200\mu m$，皮肤中的血管以及神经存在于真皮层。当长度小于 $200\mu m$ 的微针插入皮肤时，能穿过表皮层，但不足以进入真皮层，不触及血管和神经，因而不会给患者带来不适的感觉（图 3-6）。微针预处理皮肤后，形成的孔隙便于药物制剂的通过，从而在皮肤的局部发挥作用或经过皮肤毛细血管吸收发挥全身作用。目前，研究较深入的微针透皮给药系统主要有 4 种类型，如图 3-7 所示[18]。在基质或贴片支撑物上制备的微针可以切割表皮层并形成微通道，从而有效地传递药物。微针可以是中空的或完全固体的结构[2,15]。中空微针将治疗药物从储液罐导入皮肤层。固体微针中的药物通常可以以控制的速率连续生物降解后释放出来[15,19]。

微针扩展了透皮给药系统的适用范围，特别是对于多肽药物的透皮吸收意义重大。Zhang 等研究微针预处理离体皮肤对多肽类药物透皮渗透的促进作用。使用的微针为利用化学蚀刻技术制备的硅材料微针，在 4mm×4mm 范围内有 121 根长度为 $150\mu m$ 的微针。以荧光钙黄绿素为模型药物，对所制微针的透皮促渗效果进行验证。结果显示，荧光钙黄绿素可从该微针形成的微孔通道扩散进入

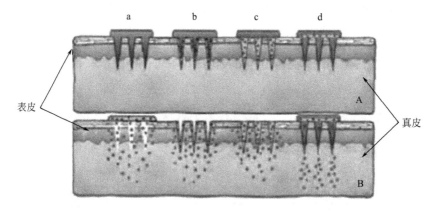

图 3-7　4 种微针透皮给药系统示意[18]

A—不同类型微针作用于皮肤；B—药物释放过程

a—微针辅助透皮给药系统；b—药物包裹微针给药系统；

c—可生物降解载药微针给药系统；d—中空微针给药系统

皮肤，且荧光显微镜观察显示，荧光点与微针阵列上微针位置相符，证明了所制备的该尺寸微针能够在皮肤上形成微孔通道。然后比较了 4 种不同分子量的多肽药物催产素、乙酰基六肽-8、六肽和四肽-3 经微针辅助透皮给药和经完整皮肤给药的药物累积渗透量。结果显示，微针辅助透皮给药后多肽类药物的累积渗透量远高于经完整皮肤给药的累积渗透量，并且分子量越大，药物累积渗透量越小。表明微针预处理皮肤对多肽药物的促渗效果明显，但药物渗透量还与其分子量大小有关[18]。

多肽的迅猛发展，使其成为化妆品、美容产品的功效性成分之一。相信在未来的美容行业中，微针预处理皮肤对多肽的透皮渗透将得到越来越广泛的应用。

2. 离子导入技术

离子导入技术（iontophoresis）是利用直流电将离子型药物或荷电中性药物粒子经电极导入皮肤，进入组织或体循环的一种方法。其促渗机制如下：在电场中由于有电斥力的存在，增强了离子化合物的驱动力；离子化合物在电压作用下会产生定向移动，形成电渗流，并带动水合离子的移动；电流诱导的作用引起角质层短暂的、可逆的结构紊乱，使其通透性增加。

离子导入透皮给药系统由四部分组成：电池、控制线路、电极和贮库。即有一个正极，一个负极，两个胶性贮库（一个贮库含药物离子，另一个贮库含生理相容的盐类 NaCl）[20]。尽管电极有很多类型，但最适于离子导入的电极是 Ag/AgCl，如图 3-8 所示。在正常生理条件下，皮肤角质层荷负电。将荷电药物置于相同电荷电极处，如荷正电药物置于阳极，阴极置于皮肤。

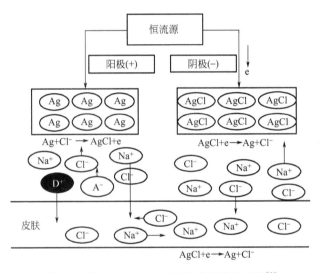

图 3-8　以 Ag/AgCl 为电极的离子导入系统[2]

离子导入是一种非侵入性、电辅助技术。根据法拉第定律可知，理论上离子导入量随着电流强度增大而增大，实际应用时要考虑电流对皮肤的刺激或损伤。因而离子导入的外加小电流一般设定小于 $0.5mA/cm^2$（人体皮肤痛阈值为 $0.5mA/cm^2$），通电时间小于 30min。与其他物理增强技术不同，离子导入作用于药物分子本身，往往通过破坏皮肤屏障使这些分子在电流的作用下被推进皮肤的深层[16]。

离子导入法有效扩大了透皮转运的化合物的范围，包括蛋白质和肽类，增强了皮肤的传输能力[1]。由于多肽的理化性质是复杂的，多肽的透皮离子导入系统的设计需要考虑许多因素。高效递送肽需要仔细选择电极、pH 值、缓冲液和离子强度。多肽分子的电荷性质可以通过改变溶液的 pH 值控制。临床研究表明，小肽可以通过离子导入技术在人体成功递送。治疗剂量亮丙瑞林是一种含 9 个氨基酸残基的促黄体素释放素（LHRH）类似物，使用离子导入技术已在人体成功给药。然而，透皮离子导入技术可能不是一个适用于全身递送大分子多肽（分子量＞7000）的方法。研究表明，透皮离子导入技术的药物渗透系数与其分子量大小成反比，该技术可以大大提高分子量为 4000 的类似物的渗透，只能稍微升高分子量为 7000 的类似物的渗透，对分子量为 26000 的类似物的渗透没有影响[21]。

离子导入递送多肽需要解决的问题包括：分子大小的上限值的确定，多肽在保质期的物理和化学稳定性，皮肤库的影响，皮肤的蛋白质水解活性和长期离子导入疗法的安全性。但据目前的发展来看，该技术似乎是一种很有前景的、可以控制和预排程序的递送溶质和分子量小于 3000 的肽的技术。

3. 电穿孔透皮释药技术

电穿孔法（electroporation，EP）也称电致孔技术，是采用瞬时（ms 或 μs）高压脉冲电场在细胞膜等脂质双分子层形成暂时、可逆的亲水性孔洞，药物可快速通过这些水性通道，从而缩短透皮渗透的时滞的一种方法。当脉冲电场结束时，类脂双分子层重新恢复其原来的无序定向，从而使水性通道关闭。该方法的优点是：采用瞬时高压脉冲，对皮肤无损伤，形成的孔道是暂时的、可逆的；起效快，脉冲法可实现生物大分子药物的程序化给药；与离子导入法并用，可提高透皮给药效率。

电穿孔是在短脉冲（1～100ms）中施加高电压（100～1000V），以诱发角质层脂质双分子层的短暂结构变化（表现为水孔）。电脉冲导致皮肤电阻瞬时下降达 3 个数量级，这与小分子和大分子的渗透性增加达 3～4 个数量级有关。电穿孔对肽渗透的增强作用明显大于离子导入[11]。近年来，皮肤电穿孔已被证明能使小分子药物和大分子药物在体外的透皮转运增加 4 个数量级[5]，而药物透皮滞留时间缩短至数分钟之内。

4. 超声波导入透皮技术

超声波导入（phonophoresis）的概念来自物理治疗。20 世纪 80 年代，物理疗法中使用的治疗频率 1~3MHz 的超声波，首次用于增强小分子药物对皮肤的渗透性。最近，低频超声（<100kHz）也已被用于提供更大的增强作用，并已扩展到在完整皮肤上传递大分子[11]。

5. 激光技术

激光（laser）可以分为两种形式：非烧蚀和烧蚀。这两种方法都可用于加强药物渗透。非烧蚀激光器，如红宝石激光器，产生光机械波（photomechanical wave，PW），如图 3-9 所示。这种应力波是一种宽带压缩波。PW 短暂渗透细胞膜和皮肤表面，但不能剥离角质层[22]。角质层中的脂质破坏是由 PW 引起的，允许药物扩散到更深的皮肤层中。此外，PW 会影响质膜，从而打开跨细胞途径，促进药物在皮肤上的转运。

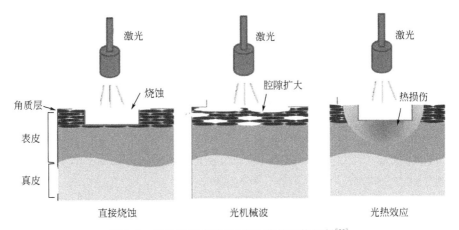

图 3-9　激光促进皮肤/透皮给药的可能机制[22]

已有研究表明，将皮肤反复（多于 100 次）暴露于激光中，皮肤通透性将增加 100 倍以上，可能是借助激光除去皮肤角质层但不损伤表皮层，再在该处给予药物治疗。激光产生的 PW 能有效地增强胰岛素、质粒 DNA 和蛋白质等大分子的皮肤传递。

6. 喷射透皮释药技术

喷射透皮释药技术包括粉末注射技术和液体喷射技术。市面上有许多装置可以高速将固体颗粒或液滴推进皮肤。与传统的注射法相比，它们提供了一种无针的替代方法。目前应用于重组人生长激素、胰岛素和疫苗接种。小分子、其他蛋白质、基因传递和免疫疗法也引起了人们的兴趣。

7. 其他物理技术

随着技术的发展，透皮给药的物理方法不止上述几种，如超导法，是将电穿孔技术、超声导入技术、离子导入技术等物理技术叠加，在产生协同作用的同时促进药物的透皮吸收，并提高给药靶向性和患者依从性的新方法。此外，还有电磁波（magnetic energy）、热汽化（thermal vaporization）、吸出泡消融术（suction blister ablation）等[11]，相信在不久的将来，将有更多新技术出现。

二、透皮给药的药剂学促渗技术

药剂学促渗技术是指将药物制成脂质体、微乳、微球和微囊等剂型后，用于透皮给药，以促进透皮吸收。药剂学促渗技术是当前发展最快、内容最丰富的技术，包括渗透促进剂（penetration enhancer）、脂质体（liposome）、纳米粒（nanoparticle）、微乳（microemulsion）、微胶囊（microencapsulation）等[11]。

1. 渗透促进剂

渗透促进剂（penetration enhancer，简称促渗剂）是一类通过改变皮肤结构，从而增强皮肤渗透性和可逆性、削弱皮肤屏障作用的化合物。添加渗透促进剂是应用非常普遍的促渗方法。该方法有助于功效性成分克服角质层的障碍，可逆地改变皮肤角质层的屏障作用，在不损伤任何活性细胞的条件下，增加功效性成分的透皮吸收率。渗透促进剂可以通过多种机制提高皮肤的渗透性，包括与细胞间脂质的相互作用，导致其组织破坏，增加其流动性；从角质层中提取脂质，排除束缚水，疏松角质细胞，使角质层分层；增加溶解性，增强与细胞间蛋白的相互作用，使角蛋白变性[23]，如图 3-10 所示。

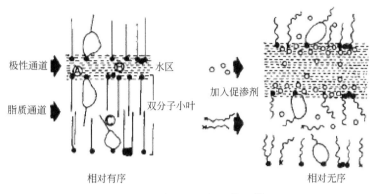

极性通道　　水区
脂质通道　　双分子小叶
　加入促渗剂
相对有序　　　　　相对无序

图 3-10　渗透促进剂的作用[9]

理想的渗透促进剂应对皮肤无刺激、不致敏、不引起粉刺、持续时间可控；应为药物惰性、无毒，对皮肤和机体无药理活性，去除后可迅速完全恢复皮肤屏障功能；单向性（使药物进入体内，而不能使内源性物质流失）；无味、无色；与大多数药物和辅料相容[24]。但目前尚未有一种渗透促进剂能同时满足以上条件。渗透促进剂包括化学渗透促进剂（如氮酮、脂肪酸类化合物、表面活性剂、乙醇和乙二醇）、中药渗透促进剂（如薄荷类、肉桂、当归、丁香类、冰片）、生物渗透促进剂（如磷脂酶 C、脂肪酸合成抑制剂）和复合渗透促进剂（指按一定比例组合成二元或多元复合渗透促进剂，如薄荷类配氮酮组成复合渗透促进剂）[23,25]。

需要注意的是，渗透促进剂可逆性地改变皮肤屏障以促进功能性成分透皮渗透时，配方中的防腐剂或香精等物质也可进入皮肤而导致皮肤产生不良反应，因而，许多渗透促进剂特别是化学渗透促进剂，会引起皮肤的刺激性与毒性[3]，其应用受到限制。

2.脂质体

脂质体（liposome）是最广为人知的药物递送系统，是直径在 25～

5000nm 的人造球形亚显微囊泡[26]。囊泡由两亲性分子组成，具有独特的亲水基团和亲油基团。当它们分散于水中时，可自发形成空心的双层球，亲水基团指向空心小球的内部和其外部表层，亲油基团则指向双层结构的中间部分。磷脂双层构成一个密闭的小室，内部包裹着一定体积的水溶液，这些水溶液被磷脂双层包围而独立。脂质体可以是单层的封闭双层结构（称为单室脂质体结构），也可以是多层的封闭双层结构（称为多室脂质体结构），在显微镜下，其外形除了常见的球形、椭圆形外，还有长管状结构。在脂质体内部可加载亲水性成分，而在双层膜中间可加载脂溶性成分，如图 3-11 所示。脂质体具有与生物膜相似的结构，这种相似性使脂质体对正常的组织与细胞无损害性和抑制作用，并具有亲和性与组织相容性。它通过长时间吸附于靶细胞周围，使包裹于内部的有效成分透过靶组织/靶细胞，从而发生生物学效应；它也可以通过融合进入细胞内，经过溶酶体消化后释放有效成分。

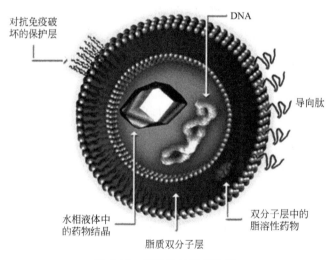

图 3-11　脂质体的给药途径

　　脂质体的促渗作用机制可归纳为以下几点：①水合机制。脂质体可能通过增加角质层湿化和水合作用，改变角质细胞间结构，促使药物通过扩散等作用进入细胞间质。②融合机制。脂质体的磷脂与表皮脂质层融合，可使其组成和结构改变，形成一种扁平的颗粒状结构，使其屏障作用发生逆转，包封有药物的脂质体可顺利通过这些脂质颗粒间隙。③穿透机制。研究认为，可变的脂质体能穿透完整皮肤，由于皮肤表面和内部存在的水浓度差异产生的渗透压梯度及脂类较高的水化能为脂类载体穿透皮肤提供了动力来源。

常用的形成脂质体的混合物为磷脂。磷脂的头部类型和脂肪酸性质决定了脂质体的物理稳定性，如天然卵磷脂（鸡蛋或大豆卵磷脂）或合成卵磷脂（二棕榈酰卵磷脂）。最常见的卵磷脂是磷脂酰胆碱、磷脂酰乙醇胺、磷脂酰肌醇、磷脂酰丝氨酸和磷脂酸的混合物[26]。

用于透皮给药的脂质体囊泡渗透潜力在药物治疗和美容护理方面具有重要意义。含亲水性模型药物的各种脂质体包括常规脂质体（CLS）、变形脂质体（DLS）和丙二醇脂质体（PGLS）[27]。脂质体作为化妆品成分，涂于皮肤上后，其类脂双层膜破裂，释放活性成分，并在皮肤上形成一个封闭的薄膜，让活性成分渗透到表皮中；同时，膜材类脂滞留在皮肤表层和角质层起保湿作用，给皮肤补充必要的脂肪酸。由于构成脂质体的主要成分卵磷脂又是细胞的主要成分，其形态也与细胞相似，这些特性使脂质体与细胞之间有很强的亲和力，能有效增强对皮肤的渗透性，促进活性成分到达皮肤深层，发挥活性成分的生物学效应。

除了传统的脂质体，一些新型的脂质体也相继出现。醇质体（ethosomes）是一种新型的脂质体，最早由 Touitou 等提出，用较高浓度乙醇（20%～50%）代替脂质体中使用的胆固醇，得到了渗透性与包封率良好的脂质囊泡。与普通脂质体相比，不仅结构稳定，而且更容易载药透过角质层，发挥良好的疗效，对亲水性和亲脂性分子的透皮均有较强的促渗作用。另外，如弹性脂质体（elastic liposomes），其组成赋予了脂质双层结构的灵活性和弹性，被作为一系列小分子物质、肽、蛋白质和疫苗的药物载体在体外和体内进行了研究[28]。

一些技术也对脂质体进行了优化，设计以乙醇酸作为载药脂质体和乙醇脂质体的囊泡凝胶，其渗透性与囊泡凝胶都显示出令人满意的结果[29]。最近的凝胶核心脂质体（gel-core liposomes），也称透明质体（hyaluosomes），显示了良好的流变特性和优越的透皮渗透性，是一种较有前途的透皮脂质体系统[30]。这些研究显示了，脂质体与美容多肽结合，也许是一个很好的研究方向，可以使美容多肽发挥更好的效果。

3. 纳米粒

纳米粒高度分散，可通过毛囊或角质层，能提高药物透皮吸收，缓释药物，保护药物避免降解。研究表明，分子量在 $100\sim800$、熔点低于 85℃ 的物质具有较大的透皮速率，而纳米微粒凭借其粒径小、表面积大，表现出独特的性能。采用纳米技术对化妆品进行处理，可使化妆品的有效成分得到较大的发挥，提高其性能。

4. 微乳

微乳（microemulsion）是一种透明或半透明的均匀热力学稳定体系。微乳最早由 Schulman 和 Hoar 在 1943 年提出，之后其理论以及应用迅速发展，由水、油脂、表面活性剂和助乳化剂制成。它的液滴可以呈油包水状，也可以呈水包油状。微乳与普通乳状液相比，具有特殊的性质：微乳的粒子细小，粒径在 $10\sim100nm$，容易渗入皮肤，其界面张力小，通常可达到 $10^{-9}\sim10^{-5}mN/m$，具有非常强的乳化和增溶能力；热力学更稳定，能够自发形成，不需要外界提供能量，经高速离心分离后不会发生分层现象；溶液的外观透明或近似透明。这些性质使微乳在化妆品中的应用具有非常好的前景，可通过微乳的增溶性提高化妆品中的活性成分及药物的稳定性和效力[31]。

微乳的透皮机制主要分为两种。其一，通过作用于角质层而使药物透过皮肤。微乳进入角质层后，能分别作用于皮肤角质层的亲脂区和亲水区。微乳的疏水部分能直接进入角质层的脂质中或插入角质层的脂质区，破坏脂质层的双分子结构，从而使药物能够通过角质层；而微乳的亲水部分则能与角质层发生水合作用，其水相进入角质细胞的极性区时，会使角质双分子层的膜内体积增加，导致界面结构破坏，或通过与蛋白质的水化使细胞间蛋白质溶胀而破坏脂质双分子层结构。二者共同作用增强了药物在角质层的透过性，利于药物渗透吸收。其二，微乳可以通过作用于皮肤附属器来促使药物的透皮吸收。

5. 微胶囊

微胶囊技术（microencapsulation technology）是利用天然或合成的高分子材料，将分散的固体、液体或者气体包裹起来，形成半透性或密封囊膜的微小粒子的技术。所得到的微小粒子叫作微胶囊（microcapsule），其内部所包裹的物料称为芯材或囊芯，芯材可以是固体、液体或者气体，也可以是它们的混合体。微胶囊技术是在 20 世纪 60 年代开发使用的。微胶囊粒径一般为 1～1000μm，小于 1μm 的微胶囊称为纳米微囊。微胶囊可以在加压、加热或者辐射的条件下破裂，从而释放包裹的芯材，达到所需要的应用效果，也可以不破坏囊壁，通过选择成膜材料或改变膜囊厚度等方法调节芯材透过囊壁向外界释放的时间和速率[31,32]。

化妆品行业中可以采用微胶囊技术制备包裹不同油脂和活性物粒子，并添加在配方中，以达到无乳化剂而添加油脂的目的。目前，在许多化妆品添加了微胶囊包裹，使其产品性能更加优越[32]。

第四节 · 美容多肽的透皮给药

一、美容多肽的特性

在 1984 年，Albert Kligman 将药剂学上用于减轻或预防疾病的，具有一定清洁、重塑肌肤等功能的产品称为"药妆品"。一般来说，药妆品是以抗衰老和逆转皮肤状态使皮肤更年轻为目的而设计的。在美国，药妆品不受 FDA

监督，但其具有一定的药物效应[33,34]。

众所周知，多肽具有不同的生物学作用，最显著的是作为多种生理过程的信号/调节分子，包括防御、免疫、应激、生长、体内平衡和生殖。多肽也可以作为活性成分添加至药妆品中，根据作用机制的不同，可分为信号肽（signal peptide）、神经递质抑制肽（neurotransmitter-inhibiting peptide）、承载肽（carried peptide）、酶抑制剂肽（enzyme inhibitor peptide）；根据功效的不同，可分为神经肌肉松弛（类肉毒素作用）多肽、促进细胞外基质蛋白生成的多肽、抗炎多肽、抗自由基多肽、调节黑色素生成多肽[7,35]。

用于美容领域的多肽，一般具有 2～10 个氨基酸残基，其分子量为 100～2000。因此，部分亲水性多肽在生物膜上的转运受到其亲水性的限制以及生物膜屏障结构的影响[36]。尽管多肽对皮肤重塑有很高的功效，但部分多肽在透皮给药的条件下发挥其应有的效果还具有一定的难度[11]。为了克服皮肤屏障、促进多肽在皮肤中的渗透，根据皮肤透皮传输机制以及结合透皮促进技术，已经开发出部分对皮肤渗透增强的多肽，包括化学改性、封装到疏水性载体中以及使用渗透促进剂[37]，这些技术的透皮机制是使用其化学或物理技术降低了角质层屏障。

二、美容多肽透皮吸收的研究进展

透皮给药是药物通过皮肤的运动，从而吸收进入系统循环。药物的转移可以通过被动或主动的方式进行。被动的透皮给药不会破坏角质层，而主动技术则会一定程度破坏角质层以便于输送。由于被动透皮给药成功需要非常特殊的物理化学性质，如上文提到的因素：相对较低的分子量（<500）、中等亲脂性（lg$P$ 1～3）和水溶性（>1mg/mL）、高药理学效力等，这些因素限制了天然结构的多肽在化妆品中的应用。最广泛的提高多肽透皮渗透的方法是添加一些化学渗透促进剂或对多肽进行化学修饰，或将多肽与可作为载体的脂氨基酸（LAA）、脂多糖（LS）、脂肽、脂质体、聚乙二醇（PEG）结合[11]，让其更容易通过角质层，从而增加多肽的渗透率。

化学修饰主要是对透皮性差或亲水物质进行脂肪酸类酰化修饰，较为典型的为信号肽。信号肽通过直接刺激人皮肤成纤维细胞产生胶原、抑制胶原酶和增加基质产生来达到皮肤重塑的目的。信号肽一般小于 8 个氨基酸残基。大多数信号肽，如生物肽-CL、生物肽-EL、棕榈酰寡肽、棕榈酰五肽-4 和棕榈酰三肽-5，都与脂肪酸棕榈酸相连，以增强表皮层的传递，而到达对应的皮肤层发挥效应[38-41]。脂肪酸促进多肽渗透的机制主要是作用于角质层细胞间类脂质，使之发生结构变化，增加脂质流动性。

被广泛研究的肌肽，具有促进伤口愈合和抗氧化的活性，当棕榈酰链与末端 NH_2 相连时，显示出较好地扩散到角质层、表皮层和真皮层的效果[11,42]。有文献研究了短链脂肪氨基酸对人中性粒细胞弹性蛋白酶抑制剂（Ala-Ala-Pro-Val）透皮传递的影响，以探索这种具有抗炎活性的治疗肽对皮肤渗透和生物活性的最佳结合结构。结果显示，采用固相合成方法制备了链长为 C_6、C_8 和 C_{10} 的脂溶性衍生物，结合 C_6-LAA 可增强四肽的表皮通透性，C_6(D)LAA-AAPV（467.94$\mu g/cm^2$）的渗透含量明显高于 C_6(L)-LAA-AAPV（123.04$\mu g/cm^2$）；另外，还评价了浓度和皮肤水合作用对 C_8(D, L)-LAA-AAPV 和 C_{10}(D, L)-LAA-AAPV 皮肤渗透性的影响，发现在较高的浓度下，C_{10}(D, L)-LAA-AAPV 有较高的渗透性。脂氨基酸结合物比天然四肽更稳定，四肽与 C_6、C_8 和 C_{10}-LAA 偶联后，生物活性保持不变。这也侧面证明，天然多肽与脂氨基酸结合可促进透皮传输[11]。

承载肽稳定并可传递重要的微量元素，如铜。这些元素是伤口愈合、血管生成以及各种其他酶反应过程中所必需的，以维持真皮的完整性。在上述信号肽中，生物肽-CL 则主要作为"铜"的载体肽，可改善皮肤，增加了皮肤密度和厚度。

除了用以上方法增强多肽的透皮传输，使用一些透皮促进技术辅助多肽的透皮吸收也具有较好效果。将四肽（GEKG）开发为一种 W/O 型纳米载体系统（微乳液），可增强其对皮肤的渗透性[42]。Lee 等开发的离子导入系统，在体外研究中增强了肽的透皮传递[43]。固体微针阵列（长度 $150\mu m$）有助于增强 4 种模型肽 [四肽-3 （Gly-Gln-Pro-Arg，分子量 456.6）、六肽 （Val-Gly-Val-Ala-Pro-Gly，分子量 498.6）、乙酰六肽-8 （Ac-Glu-Glu-Met-Gln-Arg-Arg-NH_2，分子量 889） 和催产素 （Cys-Tyr-Ile-Gln-Asn-Cys-Pro-Leu-Gly-NH_2，分子量 1007.2）] 的透皮传递，这也表明固体微针阵列是提高多肽透皮传递能力的有效手段[18,44]。

随着对美容多肽的透皮给药系统的研究，传统的配方技术越来越受到新技术的挑战，这些挑战包括多肽的应用、多肽的透皮渗透。任何一种多肽在化妆品中的有效性，取决于其成分的内在活性及对作用部分的靶向性，前者并不能保证每一种多肽对皮肤的有效性，其有效性的发挥必然是多肽在皮肤部位达到有效浓度，并持续足够长的时间。因而要解决上述问题，开发多肽透皮给药的技术十分重要。现代的透皮给药技术已远远突破了传统的界限，而美容多肽在透皮传输方向的研究极其少。无论多肽结合何种技术，都必须满足透皮给药的 4 个要素：正确的作用部位 （the right site of action），正确的化学物 （the right chemical），正确的浓度 （the right concentration），适当的作用时间 （the correct period of time）。相信在未来，将会有更多的多肽新型配方出现，以适应化妆品市场的需求。

三、透皮介导肽的介绍

在化妆品中使用高特异性的肽作为"活性剂"克服皮肤屏障[43]，是一个可行的方法。一些具有细胞穿透能力的大分子肽（大多分子量在 2000 以上）陆续被发现能够运载药物如环孢菌素 A （CsA） 等透过皮肤；一些极性很强的肽，如含多聚精氨酸、组氨酸和赖氨酸的多肽，也具有很好的透皮能力；采用噬菌体展示技术筛选的大分子载体肽也可以携带分子量更大的药物如胰岛素、生长素等透过皮肤。这些实例打破了传统认为的只有分子量小于 500 且亲脂性的小分子物质才具有透皮能力的观念。因而，了解透皮介导肽的特点以及其透皮机制具有重要的意义。

细胞穿透肽（cell penetrating peptide，CPP）或称穿膜肽、跨膜肽，也有研究称为蛋白质转导结构域（protein transduction domain，PTD），是最早用于透皮介导的肽类物质。这些多肽能快速穿透细胞，并且能够保留原有结构和功能，且不依赖于胞吞作用进入细胞。它们不仅可以自身穿透细胞，也可以装载其他物质并促进这类物质的细胞渗透。透皮介导肽可利用其所具有的大分子物质转导功能，将一些自身无法透皮的"货物"或称为"载荷"携带透过皮肤，而且无显著的细胞毒性、不受细胞或组织类型的限制、能透过血脑屏障，在分子生物学、基因治疗及药学等领域具有重要的研究价值。它宝贵的应用价值和广阔的发展前景促使众多研究人员克服重重困难，并开展了广泛的透皮介导肽寻找工作。一些具有皮肤穿透能力的大分子肽（分子量大多在 2000 以上）陆续被发现能够载运药物。其中，最著名的透皮介导肽为 TAT 细胞穿透肽、果蝇同源结构域蛋白 ANTP 肽和精氨酸低聚物等，见表 3-1[45]。

表 3-1　代表性透皮介导肽[45]

肽	序列组成	来源
TAT	GRKKRRQPPPPPQ	人免疫缺陷病毒
ANTP	RQIKIYFQNRRMKWKK	果蝇触足蛋白
PEP-1	KETWWETWWTEWSQPKKRKV	化学合成
富含精氨酸	R6 以上，R9 或 R11 等	化学合成
SPACE	ACTGSTQHQCG	基因重组
TD-1	ACSSSPSKHGG	基因重组
爪蟾抗菌肽	GIGKFLHSAKFGKAFVGEIMNS	非洲爪蟾

近年来，研究人员利用多肽穿透能力将 CPP 用于透皮给药领域，发现 CPP 可以穿透表皮细胞并在细胞表面打孔，从而帮助药物分子穿透细胞。如爪蟾抗菌肽可以在细菌膜上形成孔洞，也可以破坏角质层的磷脂结构；将 TD-1 和胰岛素简单混合后涂抹在糖尿病大鼠的皮肤上可有效降低大鼠体内血糖水平，还能帮助多种蛋白质或激素透过皮肤。TAT 介导的大分子物质透皮能力

的研究也陆续展开。TAT 可载运绿色荧光蛋白（green fluorescent protein, GFP）、亲水性关节炎治疗药物塞来昔布（celecoxib, Cxb）、局部麻醉药物盐酸利多卡因和热休克蛋白模拟肽 P20 等大分子物质到达皮肤角质层和毛囊中，甚至可以深入皮肤 120μm 处。

目前，透皮介导肽的透皮研究机制一部分集中在 CPP 对细胞的渗透作用上，一般认为有直接入胞、转导（通过形成某种跨膜结构发生的转导模式）、内吞 3 种可能的穿膜机制和特点。也有研究认为，CPP 的穿膜机制主要有两种：一种是内吞作用；另一种是非能量依赖性过程，即不依赖于经典的胞吞作用。携带药物的 CPP 先与细胞表面发生黏附，此过程需要黏多糖参与，主要为葡糖胺聚糖；然后通过巨噬细胞的胞饮作用由细胞膜内陷形成内吞泡，并摄取 CPP，进入细胞；CPP 具有的细胞内定位肽的作用将药物定位到细胞特殊位置上，最后释放药物。

但透皮介导肽的透皮给药机制并没有完全清楚，若要将其作为一种成熟的渗透促进剂用于临床还有很长的路要走，其对皮肤渗透的关键因素与其本身所携带的电荷、与角质层的相互作用等有关。

虽然透皮介导肽的研究已经取得了一定的成就，但是对于透皮介导肽的认识仍处于起步阶段。目前大多数工作集中于对透皮输送能力的探讨，而针对治疗效应的研究也大多局限于皮肤局部疾病，对于全身系统性疾病如高血压、癌症、心脏病等治疗涉及不多，对化妆品领域的应用介绍也较少。此外，科学家们还需进一步探究透皮介导肽的传递机制，分析并找出透皮介导肽的共性特征。透皮介导肽已经展示出巨大的发展前景，若对其进行进一步的深入研究开发，将改变当前的局限性，也将为美容护肤领域开辟新的应用领域，从而推动透皮给药产业的蓬勃发展。

四、美容多肽透皮给药的未来发展趋势

通过化妆品行业多年的努力，脂质体和纳米粒的皮肤配方最终取得了经济

上的成功，这也为美容多肽的新配方提供了新的思路与发展空间。分子生物学为我们提供了识别和构建遗传材料的工具，这些材料可用于治疗遗传性疾病。在分子和超分子水平上为更好地理解新型制剂的作用机制所做的努力，形成了新的制剂工艺，并可能通过纳米给药系统在活性传递领域开辟新的前景。受控释放将继续在美容多肽的功效中发挥重要作用。未来消费者可能会看到的一些趋势，包括美容多肽配方改进的系统，它们通过调节 pH 值和温度释放活性物质[25]。脂质体分散体不仅是一种创新的、有效的化妆品递送系统，而且在预防和治疗多种皮肤疾病方面的应用也非常成功。因而，多肽配方与多肽特性的优化将是未来的发展趋势。

参考文献

[1] 李婵娟，肖学成，等.经皮吸收制剂研究进展 [J].企业技术开发，2009，28：24-28.

[2] 杜丽娜，金义光.经皮给药系统研究进展 [J].国际药学研究杂志，2013，40（4）：379-385.

[3] Benson H A E. Transdermal Drug Delivery：Penetration Enhancement Techniques. Current Drug Delivery，2005，2：23-33.

[4] 华晓东，任变文.经皮给药系统的研究进展 [J].现代药物与临床，2009，24（5）：182-285.

[5] Gupta R. Transdermal Drug Delivery Systems [J]. World Journal of Pharmacy and Pharmaceutical Sciences，2014，3（8）：375-394.

[6] 毛丽旦，梁俊琴.大气污染对皮肤屏障功能影响的研究进展 [J].中国美容医学，2019，28（9）：168-171.

[7] Gorouhi F，Maibach H I. Topical Peptides and Proteins for Aging Skin [J]. Textbook of Aging Skin，2016：1865-1896.

[8] Patil P A，Mali R R. Transdermal drug delivery system-a review [J]. World Journal of Pharmacy and Pharmaceutical Sciences，2017，6（4）：2019-2072.

[9] 林婕，何聪芬，等.化妆品功效成分的透皮吸收机理 [J].日用化学工业，2009，39（4）：275-278.

[10] Benson H A E. Transfersomes for transdermal drug delivery [J]. Expert Opin Drug Deliv，2006，3（6）：727-737.

［11］ Namjoshi S M. Development of Novel Carriers for Transdermal Delivery of Peptides ［D］. Australia: Curtin University of Technology, 2009.

［12］ Saini S, et al. Recent development in Penetration Enhancers and Techniques in Transdermal Drug Delivery System ［J］. Journal of Advanced Pharmacy Education & Research, 2014, 4 (1): 31-40.

［13］ Foldvari M. Non-invasive administration of drugs through the skin: challenges in delivery system design ［J］. Pharmaceutical Science & Technology Today, 2000, 3: 417-425.

［14］ Roberts M, Walker M. The most natural penetration enhancer ［J］. New York: Marcel Dekker Inc, 1993.

［15］ Amjadi M, Mostaghaci B, Sitti M. Recent Advances in Skin Penetration Enhancers for Transdermal Gene and Drug Delivery ［J］. Current Gene Therapy, 2017, 17 (1): 1-8.

［16］ Das S, Bhaumik A. Protein & Peptide drug delivery: a fundamental novel approach and future perspective ［J］. World Journal of Pharmacy and Pharmaceutical Sciences, 2016, 5 (9): 763-776.

［17］ Bora P, Kumar L, Bansal A K. Microneedle technology for advanced drug delivery: Evolving vistas ［J］. Review Article, 2008, 9 (1): 7-10.

［18］ Zhang S, Qiu Y, Gao Y. Enhanced delivery of hgdrophilic peptides *in vitro* by transdermal micronecdle pretreatment ［J］. Acta Pharm Sin B. 2014 (1): 100-104.

［19］ Indermun S, Luttge R, Choonara Y E, et al. Current advances in the fabrication of microneedles for transdermal delivery ［J］. J Controlled Release, 2014, 185: 130-138.

［20］ 林巧平，徐向阳，刘春晖，等. 离子导入经皮给药系统 ［J］. 要学进展，2006，30 (6): 256-260.

［21］ 张志勇，孙延斌，杨金永. 经皮离子导入技术给药的研究进展 ［J］. 牡丹江医学院学报，2016，37 (4): 119-122.

［22］ Aljuffali I A, Lin C F, Fang J Y. Skin ablation by physical techniques for enhancing dermal/transdermal drug delivery ［J］. J Drug Del Sci Tech, 2014, 24 (3): 277-287.

［23］ Bharkatiya M, Nema R K. Skin Penetration Enhancement Techniques ［J］. J Young Pharm. 2009, 1 (2): 110-115.

［24］ Barry B W. Novel mechanism and devices to enable successful transdermal drug delivery ［J］. Eur J Pharm Sci, 2001, 14: 101-114.

［25］ Sinha V R, Kaur M P. Permeation enhancers for transdermal drug delivery ［J］. Drug Dev Ind Pharm, 2000, 26: 1131-1140.

［26］ Patravale V B, Mandawgade S D. Novel cosmetic delivery systems: an application update ［J］. In-

皮肤活性多肽

ternational Journal of Cosmetic Science，2008，30：19-33.

［27］ Palac Z，Engesland A，Flaten G E，et al. Liposomes for（trans）dermal drug delivery：The skin-pvpa as a novel in vitro stratum corneum model in formulation development ［J］. J Liposome Res，2014，24（4）：313-322.

［28］ Benson H A. Elastic Liposomes for Topical and Transdermal Drug Delivery ［J］. Methods Mol Biol，2017，1522：107-117.

［29］ Madhavi N，Sudhakar B，Reddy K，et al. Design by optimization and comparative evaluation of vesicular gels of etodolac for transdermal delivery ［J］. Drug Dev Ind Pharm，2019，4：1-18.

［30］ Kawar D，Abdelkader H. Hyaluronic acid gel-core liposomes（hyaluosomes）enhance skin permeation of ketoprofen ［J］. Pharm Dev Technol，2019，24：1-25.

［31］ 蒋旭红. 化妆品中的超微载体 ［J］. 日用化学工业，2006，36（5）：313-316.

［32］ 林婕，何聪芬，等. 化妆品功效成分的透皮吸收途径与技术 ［J］. 中国化妆品（行业），2009，1：90-97.

［33］ Dunn B M. Peptide Chemistry and Drug Desigh ［M］，2015.

［34］ Kligman A. The future of cosmeceuticals：an interview with Albert Kligman，MD，PhD. Interview by Zoe Diana Draelos ［J］. Dermatol Surg，2005，31：890-891.

［35］ Mary P，Lupo M D. Cosmeceutical Peptides ［J］. Dermatologic Surgery，2005. 31：832-836.

［36］ Kovalainen M，Monkare J，Riikonen J，et al. Novel deliverysy stems for improving the clinicaluse ofpeptides ［J］. Pharmacol Rev，2015，67（3）：541-561.

［37］ Pai V V，Bhandari P，Shukla P. opical peptides as cosmeceuticals ［J］. Indian J Dermatol Venereol Leprol，2017，83（1）：9-18.

［38］ Maquart F X，Pickart L，Laurant M，et al. Stimulation of collagen synthesis in ibroblast cultures by the tripeptidecopper complexglycyl-L-histadyl-L-lysine-Cu^{2+} ［J］. FEBS Lett，1988，238：343-346.

［39］ Senior R M，Griffen G L，Mecham R P，et al. Val-Gly-Val-Ala-Pro-Gly，a repeating peptide in elastin，is chemotactic for ibroblasts and monocytes ［J］. J Cell Biol，1984，99：870-874.

［40］ Tajima S，Wachi H，Uemura Y，Okamoto K. Modulation by elastin peptide VGVAPG of cell proliferationand elastin expression in human skin ibroblasts ［J］. ArchDermatol Res，1997，289：489-492.

［41］ LintnerK. Promoting production in the extracellular matrix without compromising barrier ［J］. Cutis，2002，70（6 Suppl）：13-16.

[42] Sommer E，Neubert R H H，Mentel M，et al. Dermal peptide delivery using enhancer molecules and colloidal carrier systems. Part III：Tetrapeptide GEKG [J]. Eur J Pharm Sci，2018，124：137-144.

[43] Linter K，Peschard O. Biologically active peptides：from a laboratory bench curiosity to a functional skin care product [J]. International Journal of Cosmetic Science，2000，22：207-218.

[44] Zhang S，Qiu Y，Gao Y. Enhanced delivery of hydrophilic peptides in vitro by transdermal microneedle pretreatment [J]. Acta Pharm Sin B，2014，4（1）：100-104.

[45] 龚魁杰，石爱民，刘红芝，等. 透皮介导肽及其经皮吸收机制研究进展 [J]. 中国食品学报，2017，17（4）：165-173.

（吕庆琴）

皮
肤
活
性
多
肽

第四章

多肽的质量研究

随着多肽合成技术的发展，越来越多不同活性的多肽分子通过人工合成的方式得到。为保证这些合成多肽的生物有效性及安全性，必须对其进行严格的质量控制。多肽的质量研究除了应考察一般化学药品的常规项目以外，还应根据合成多肽的制备工艺特点和结构特征等进行针对性的研究，研究项目主要包括等电点、比旋度、结构分析、纯度分析、含量测定、杂质谱研究等。在系统地开展质量研究的基础上，确定能够揭示、控制多肽内在品质的检测项目、分析方法及标准限度，建立合理可行的质量标准，有效地控制多肽产品批内及批间的质量一致性，以保证产品的有效性及安全性。本章对多肽的结构分析、纯度分析、含量测定、杂质谱研究等质量研究内容进行阐述。

第一节 · 多肽的结构分析

对多肽进行结构分析可以证明氨基酸组成和序列的正确性，只有正确的氨基酸组成和序列才能保证多肽发挥预期的活性作用，因此多肽的结构分析是质量研究中的一项重要内容，包括氨基酸分析、序列分析、质谱分析及肽谱分析。其中，氨基酸分析可提供某个多肽的氨基酸组成和相对数量；序列分析则提供氨基酸残基的精确排列顺序；质谱分析可提供多肽的分子量及其序列信息。当多肽链中氨基酸残基的数量达 20 个以上时，需要进行肽谱分析。肽谱是不同分子量及氨基酸组成特点的蛋白质或多肽，经专一性强的肽链内切酶裂解得到的肽片段，通过一定的分离、分析手段而得到的特征性指纹图谱。肽谱分析对多肽结构的研究和特性鉴别具有重要意义[1]。

一、氨基酸分析

进行氨基酸分析前，必须将多肽水解成单个游离氨基酸，随后使游离氨基酸与特定物质反应生成衍生物，通过一定手段分离和定量测定氨基酸衍生物，便可得出多肽中氨基酸的组成和相对数量。一般将多肽置于 6 mol/L HCl 介质中，在 110℃条件下水解 24 h，最后除去 HCl 得到游离氨基酸。根据游离氨基酸衍生方法的不同，氨基酸分析法可分为柱后衍生法和柱前衍生法，其中柱前衍生法根据衍生反应试剂的不同又细分为异硫氰酸苯酯（PITC）衍生法、邻苯二甲醛（OPA）衍生法、6-氨基喹啉-N-羟基琥珀酰亚胺基氨基甲酸酯（AQC）衍生法、丹磺酰氯（Dansyl-Cl）衍生法及 9-芴甲基氯甲酸酯（FMOC-Cl）衍生法等。

1. 柱后衍生法

柱后衍生法为较早应用于氨基酸分析的方法，其原理为将多肽在酸性条件下解离成阳离子后，经阳离子交换色谱柱分离，柱后用茚三酮衍生，最后用光度法检测衍生物在 570nm、440nm 处的吸光度，从而实现对氨基酸各组分的定性、定量分析。氨基酸分析仪便是基于上述原理设计而成的。

柱后衍生法重现性好、不改变被分离组分的色谱行为、结果可靠，并且能通过双波长同时检测一级氨基酸和二级氨基酸，即可在 440nm 处检测脯氨酸、羟脯氨酸、肌氨酸等二级氨基酸，在 570nm 处检测其他的一级氨基酸。不过，该方法使用紫外检测器检测氨基酸衍生物，灵敏度较低，而且所需分析时间较长、成本高。

2. 柱前衍生法

柱前衍生法是指被分离组分先进行衍生化反应，转化为衍生物之后再经色谱柱分离、检测器检测，以对各组分进行定性、定量分析的方法。相较于柱后衍生法，柱前衍生反相高效液相色谱法灵敏度高、分析结果准确性好，在衍生化反应中产生的副产物可进行预处理，而且有较多衍生试剂可供选择，因此该方法具有更广泛的适用性。就衍生试剂而言，用于氨基酸分析的柱前衍生试剂主要有异硫氰酸苯酯（PITC）、邻苯二甲醛（OPA）、6-氨基喹啉-N-羟基琥珀酰亚胺基氨基甲酸酯（AQC）、丹磺酰氯（Dansyl-Cl）、9-芴甲基氯甲酸酯（FMOC-Cl）等，相应的柱前衍生反相高效液相色谱法分述如下。

（1）异硫氰酸苯酯（PITC）衍生法

该方法以异硫氰酸苯酯（PITC）为衍生试剂，与氨基酸反应后，生成苯氨基硫甲酰衍生物。该衍生物经反相高效液相色谱分离后，可用紫外检测器在254nm处检测分析。PITC与一级氨基酸及二级氨基酸均能反应，且反应速率快，生成的氨基酸衍生物稳定、单一，因此PITC柱前衍生反相高效液相色谱法已经广泛应用于氨基酸分析。值得注意的是，PITC毒性较大，具有挥发性，会影响色谱柱的使用寿命。

（2）邻苯二甲醛（OPA）衍生法

B. N. Jones 等[2] 于1983年提出邻苯二甲醛（OPA）衍生法，该方法以OPA为衍生试剂，在还原剂2-巯基乙醇的存在下，与一级氨基酸迅速反应生成1-硫代-2-烷基异吲哚。衍生物在紫外光区有较强吸收，本身也可产生荧光，经反相高效液相色谱分离后，可用紫外检测器检测，也可用高灵敏度荧光检测。OPA本身不干扰分离检测，色谱图基线比较平稳，而且不会对色谱柱造成影响。其不足之处在于，OPA不稳定，容易被空气中的氧气所氧化，从而发生降解；OPA与氨基酸的衍生产物也不稳定，衍生后需立即进样分析。

（3）6-氨基喹啉-N-羟基琥珀酰亚胺基氨基甲酸酯（AQC）衍生法

S. A. Cohen 等[3] 于1993年合成了AQC，并将其作为一种衍生试剂用于氨基酸分析。AQC与一级氨基酸、二级氨基酸均能起反应，且反应速率快、衍生物稳定，可用紫外检测器检测或荧光检测器检测。AQC 衍生法灵敏度高，不受样品基质、电解质、维生素及微量元素的干扰，特别适用于天然生物样品中氨基酸的分析。该方法存在的主要问题是 AQC 水解后产生的 6-氨基喹啉有很强的紫外吸收，在常规水解氨基酸衍生物的峰前形成一个大的试剂峰并伴有拖尾现象，从而干扰了对天冬氨酸、丝氨酸等氨基酸的测定[4]。

（4）丹磺酰氯（Dansyl-Cl）衍生法

Y. Tapuhi 等[5] 于 1981 年提出丹磺酰氯（Dansyl-Cl）衍生法。该方法所用衍生试剂 Dansyl-Cl 与一级氨基酸、二级氨基酸均能反应，反应衍生物的产率取决于 Dansyl-Cl 与氨基酸的比例，两者之间最合适的比例为（5∶1）～（10∶1）[6]。Dansyl-Cl 衍生法操作简单，但衍生物对紫外光敏感，在紫外光下不稳定，因此衍生反应要在密闭和避光条件下进行，而且在反应完成后应立即进样分析。此外，Dansyl-Cl 与组氨酸、赖氨酸等反应会生成多级衍生物，不易分离，形成双峰，对分析结果不利。

（5）9-芴甲基氯甲酸酯（FMOC-Cl）衍生法

9-芴甲基氯甲酸酯是多肽 FMOC 固相合成法所用的氨基保护剂，将其作为衍生试剂可以和全部氨基酸发生反应，而且衍生物在碱性条件下，FMOC-Cl 从氨基上脱落可得到原来的氨基酸。该方法生成的衍生物较稳定、具有强荧光，可用荧光检测器检测。然而，由于 FMOC-Cl 及其水解产物均有与衍生物类似的荧光现象，会对检测过程造成荧光干扰，影响分析结果。

对上述各种柱前衍生反相高效液相色谱法所用的不同衍生试剂进一步比较汇总如下（表 4-1）。

表 4-1　柱前衍生反相高效液相色谱法分析氨基酸的不同衍生剂的比较[7]

比较项目	PITC	OPA	AQC	Dansyl-Cl	FMOC-Cl
衍生条件	室温	室温	室温	避光 60℃	室温
衍生时间/min	20	<1	10	35	<1
衍生操作难易	复杂	极简单	简单	简单	简单

比较项目	PITC	OPA	AQC	Dansyl-Cl	FMOC-Cl
衍生物稳定性	稳定	不稳定	稳定	稳定	稳定
检测器类型	紫外	荧光	荧光、紫外	荧光、紫外	荧光
二级氨基酸是否反应	反应	不反应	反应	反应	反应
衍生试剂是否干扰	有	无	有	有	无
去除干扰方法	真空干燥	无	无	无	戊烷抽提
灵敏度/mol	1×10^{-12}	1×10^{-15}	1×10^{-13}	1×10^{-12}	1×10^{-15}

二、序列分析

氨基酸序列是多肽的关键质量属性之一。常用的氨基酸测序的方法为 Edman 降解法。该方法于 1950 年由 P. Edman 建立,以异硫氰酸苯酯(PITC)为降解试剂,从蛋白质、多肽的氨基端进行其一级结构的测定[8]。Edman 降解法主要分为偶联、切割、萃取、转化、鉴定等几个步骤。在碱性条件下,PITC 与多肽链氨基端的氨基反应,形成苯氨基硫甲酰(PTC)衍生物;然后用三氟乙酸(TFA)处理,将多肽氨基端的第一个肽键选择性切断,释放出氨基端第一个氨基酸残基的噻唑啉酮苯胺衍生物;接着用有机溶剂萃取出释放的氨基酸衍生物;在强酸性条件下,该氨基酸衍生物继续反应,从而转化为稳定的乙内酰苯硫脲氨基酸(PTH-氨基酸);最后以高效液相色谱法分析降解得到的 PTH-氨基酸,从而鉴定出氨基酸种类。余下的少了一个氨基酸残基的多肽链被回收,继续进行偶联、切割、萃取、转化、鉴定的降解循环,最终得到多肽链中的氨基酸序列信息。

PITC 与氨基酸残基的反应产率和回收率均很高,反应副产物少,鉴定准确率高。通过 Edman 降解法可以稳定、可靠地测定残基数在 30 个左右的多肽链的氨基酸序列。对于长肽链的多肽,可以先将肽链切割成多个小片段,然后分别采用 Edman 降解法分析这些小片段肽链的序列信息,最后将这些信息整合，得到原始长肽链中的氨基酸序列。需要注意的是，Edman 降解法是以 PITC 对多肽氨基端氨基酸残基的修饰为基础的，如果多肽链的氨基端被其他化学基团所封闭，那么就要先除去这些基团才能进行测序。在切割时，可能产生非特异性的降解产物，虽然产率较低，但经过不断循环之后，这些非特异性的降解产物逐渐累积，这时会对分析结果造成干扰。

三、质谱分析

质谱分析是以质量分析为基础的、灵敏度极高的一种仪器分析方法，已经成为生命科学中生物活性分子分析研究的重要手段。通过质谱分析可得出多肽的分子量及其序列信息，并且可对氨基端封闭的多肽进行序列分析，是对 Edman 降解法的一个很好补充。目前，经典的、应用较多的质谱分析方法主要有快原子轰击质谱法（FAB-MS）和电喷雾质谱法（ESI-MS）。

1. 快原子轰击质谱法（FAB-MS）

快原子轰击质谱法（FAB-MS）是以快原子轰击方式作为离子源的质谱分析方法。快原子轰击是一种软电离技术，使通过快速惰性原子轰击方式存在于底物中的样品无须经过气化而直接被电离。因此，FAB-MS 可用于分析不易气化、热稳定性差的蛋白质、多肽，尤其适用于小分子多肽的质量研究[9]。

在 FAB-MS 中，被分析样品是溶解于底物中的，多肽被检测的总灵敏度会受到其在所用底物的溶解程度以及底物的表面活性等因素的影响。常用的底物有甘油、硫代甘油、间硝基苄醇等[10]。

2. 电喷雾质谱法（ESI-MS）

电喷雾质谱法（ESI-MS）是带有电喷雾离子化系统的质谱分析方法，通过电喷雾离子化系统将难以挥发物质的溶液相离子转变为气相离子，从而实现高灵敏度的质谱分析。电喷雾的过程可分为 3 个阶段：液滴的形成和雾化、去溶剂化、气相离子的形成。待分析样品溶液在电场及辅助气流的作用下，在喷雾室破碎成许多细小的带有电荷的液滴；带电液滴在电场的作用下，与干燥气体相对运动，逆向的干燥气体使液滴中的溶剂迅速蒸发，液滴直径变小、表面电荷浓度增大；当液滴表面电荷浓度增大到电荷间的库仑斥力足以抵消液滴表面张力时，液滴就会爆裂成更小的带电液滴。上述过程不断重复，最终实现待分析样品的离子化。

ESI-MS 可以根据分子的电荷分布状态提供精确的分子量和结构信息，特别适用于蛋白质、多肽等生物大分子的结构分析，并且可直接与高效液相色谱法（HPLC）等色谱方法联用，实现复杂体系的分析。

四、肽谱分析

肽谱分析是控制蛋白质产品质量的重要手段，当多肽链较长时，有必要进行肽谱分析。每种多肽都有其特征性的肽谱，通过肽谱分析，可以得到多肽的序列信息，鉴别出结构类似的多肽。

传统的肽谱分析方法是凝胶电泳法，包括双向电泳、等电聚焦电泳等技术，但总体来说凝胶电泳肽谱分析灵敏度较低，逐渐被灵敏度更高的高效液相色谱法（HPLC）、高效毛细管电泳法（HPCE）等肽谱分析方法所替代，其中 HPLC 肽谱分析最为常用。多肽分子经专一性强的肽链内切酶裂解成肽片段后，通过反相高效液相色谱法（RP-HPLC）检测，可获得相应多肽的特征性肽谱。由于亲水性多肽在反相柱上不保留，某些结构相差一个氨基酸的多肽片段难以分离，此时可采用 HPCE 替代 HPLC 进行肽谱分析。在 HPCE 分析过程中，根据结构、大小相同或氨基酸组成相同而顺序不同的多肽所带的电荷不同，调节电解质的 pH 值使迁移时间改变，从而实现分离[11]。

第二节 · 多肽的纯度分析及含量测定

一、多肽的纯度分析

多肽的纯度分析多采用 HPLC 法，包括反相、离子交换和疏水性相互作用在内的 HPLC 技术都可用于检测多肽的纯度。通常情况下，与 HPLC 连用的紫外或荧光检测器可满足纯度分析要求。如果样品中存在性质相近的组分，可采用高效液相色谱-质谱（HPLC-MS）或高效液相色谱-串联质谱（HPLC-MS-MS）等联用技术，从而更快速、准确地分析样品的组成和纯度。

除了 HPLC，HPCE 也可以用于纯度分析。HPCE 是新近发展起来的一项将电泳技术和色谱技术相结合的分析技术，其分离效率高、分析速率快、上样量少。有些多肽经 HPLC 分析出现的是单峰，而用 HPCE 则检测出多个峰。由此可见，与 HPLC 相比，HPCE 是一种更灵敏的蛋白质、多肽纯度检测方法。然而，HPCE 的检测限较差，限制了该分析方法在纯度分析上的应用[1]。

二、多肽的含量测定

Kjeldahl 于 1833 年提出的凯氏定氮法是蛋白质、多肽经典的含量测定方法。该方法通过测定样品中的总氮量，据此得出样品含量，其原理如下：在硫酸铜的催化下，将样品与硫酸等一同加热消化分解，反应生成硫酸铵，然后在碱性条件下将硫酸铵转化为氨，游离氨随水蒸气蒸馏出来，用过量标准硼酸溶液将其吸收后，再用标准盐酸或硫酸溶液滴定，以甲基红为指示剂，根据标准酸消耗量便可计算出样品中的含氮量，再根据含氮量计算出多肽含量。凯氏定氮法所用仪器简单、重复性好，但操作费时、试剂消耗量大，最主要的缺点是无法识别氮元素来源，如果样品中存在含氮的非肽类物质，那么会对测定结果造成很大影响，这使得该方法的应用范围受到了很大限制。

应用最广泛的多肽含量测定方法是 RP-HPLC。用 RP-HPLC 测定多肽含量时最常用的检测器是紫外检测器。通过对流动相预处理、梯度的合理设置，采用梯度洗脱，可以获得更好的分离效果和更准确的测定结果。值得注意的是，在用紫外检测器进行测定时，流动相在相关检测波长下必须无紫外吸收，否则会对含量测定结果造成干扰[12]。

第三节·多肽的杂质谱研究

合成多肽中杂质较多、性质各异，杂质谱复杂，可由起始物料引入、在工艺过程中产生或者通过降解而来。因此应结合保护氨基酸的性质、制备工艺和潜在降解途径对合成多肽进行系统的杂质谱研究，以保证其安全性。

一、起始物料引入的杂质

各种保护氨基酸是多肽合成中的关键起始物料，其质量情况将直接影响终产品的质量，如这些起始物料中存在杂质，就会引入终产品中。因此，应对各种保护氨基酸进行杂质谱研究，建立严格的质控标准。

对保护氨基酸进行杂质谱研究，应根据不同氨基酸的结构、性质特点进行针对性的杂质分析，如 FMOC 氨基酸中含有 β-Ala 类杂质，FMOC-Leu-OH 中可能含有 FMOC-Ile-OH 杂质，FMOC-Ala-OH 和 FMOC-Pro-OH 中可能含有相应的二聚体杂质。

保护氨基酸中如存在光学异构体，则可能在终产品中引入差向肽杂质。差向肽是指多肽链中含一个以上非预期手性构型的氨基酸残基，结构、性质与目标产物相似的多肽分子。因为差向肽杂质的性质与目标产物很接近，所以将其从产品中分离出来的难度很大。

因此，加强起始物料的质量控制，从源头上减少杂质来源，以降低终产品的杂质分析及提纯难度，提高终产品质量，显得至关重要[13]。

二、工艺杂质

在制备工艺过程中，产生的杂质主要有差向肽杂质、残缺肽杂质、错结肽杂质及未脱保护肽杂质等。

1. 差向肽杂质

差向肽杂质除了由起始物料中的光学异构体引入以外，也可能形成于肽链合成过程中的差向异构化。对于差向肽杂质的分析，可通过合成多肽链中的每个手性氨基酸对应的各种差向肽杂质对照品，使用 HPLC 检测，比较待分析样品与各种差向肽杂质的出峰时间来进行鉴定。但是，对于含有氨基酸数目较多的多肽，上述分析方法工作量太大，缺乏实际操作意义。在这种情况下，可利用氯化氘（DCl）/氘代水（D_2O）水解衍生后，采用手性气相色谱-质谱（GC-MS）来测定每个氨基酸手性异构体的含量，鉴别出易产生消旋的氨基酸（如组氨酸、半胱氨酸、苯丙氨酸等），在此基础上进一步制备出相应的差向肽杂质对照品，进行 HPLC 出峰时间对比鉴定，可以有效检出易产生的差向肽杂质[14]。除了 GC-MS，还有液相色谱-质谱（LC-MS）、毛细管电泳-质谱（CE-MS）及微芯片毛细管电泳-质谱（MCE-MS）等联用技术，通过这些结合质谱检测的手性氨基酸分析可以获得差向肽中非预期存在的氨基酸对映体的组成，利用质谱技术定位肽段中发生异构化的氨基酸手性中心，筛选出必要的差向肽杂质对照品，从而实现微量差向肽杂质的快速鉴定及定量[15]。

2. 残缺肽杂质

多肽固相合成的工艺过程如下：先将所要合成肽链的羧基端氨基酸的羧基以共价键的形式同固相合成树脂相连；然后脱去结合在树脂上的氨基酸的氨基保护基，以 α-氨基作为反应活性位点，与下一个氨基酸的羧基发生缩合反应生成肽键，接着中和、洗涤，进行去保护，继续下一轮的缩合，该过程不断重复，直至达到所要合成的肽链长度；最后将肽链从树脂上切割下来，经过纯化等处理，即得目标多肽。

在缩合之后，通过茚三酮反应来检测缩合是否完全。如果 3 次缩合后仍呈茚三酮阳性反应，说明未被缩合的氨基组分已很难被酰化，再次缩合已无必要。这时应对未反应的活性位点进行封端处理，用乙酸酐/吡啶酰化法使得残余的氨基乙酰化，以免这些残余的氨基在以后的接肽反应中参与反应，生成长度不同的残缺肽[16]。

然而，通过茚三酮反应检测缩合反应的终点，只能定性，不能定量检测，因此不能完全避免残缺肽杂质的生成，应对易产生残缺肽的步骤建立更严格的质控标准。

3. 错结肽杂质

在多肽固相合成过程中，保护氨基酸都是过量投料，因此在每一步缩合反应之后必须进行充分洗涤，以免上一步残留的保护氨基酸在后续的步骤中继续参与反应，生成错结肽杂质。

4. 未脱保护肽杂质

多肽固相合成常用 12 种保护氨基酸，需要保护的侧链基团主要有羟基、氨基、羧基、酰胺基等。所用侧链保护基的类型取决于 α-氨基保护基，在多肽 FMOC 固相合成法中，使用 FMOC 保护 α-氨基。FMOC 在酸性条件下稳定，在弱碱性条件下脱保护。在 FMOC 脱保护的过程中，侧链保护基不能受到影响，因此侧链保护基应在碱性条件下稳定，利用酸来脱保护，常用 FMOC 保护氨基酸的侧链保护基团，见表 4-2。

表 4-2　FMOC 保护氨基酸的侧链保护基团

氨基酸	侧链保护基团
赖氨酸（Lys）	叔丁氧羰基（BOC）
组氨酸（His）	三苯甲基（Trt）
精氨酸（Arg）	2,2,4,6,7-五甲基二氢苯并呋喃-5-磺酰基（Pbf）
谷氨酸（Glu）	叔丁氧基（OtBu）
天冬氨酸（Asp）	叔丁氧基（OtBu）
苏氨酸（Thr）	叔丁基（tBu）
酪氨酸（Tyr）	叔丁基（tBu）
丝氨酸（Ser）	叔丁基（tBu）
色氨酸（Trp）	叔丁氧羰基（BOC）
半胱氨酸（Cys）	三苯甲基（Trt）
天冬酰胺（Asn）	三苯甲基（Trt）
谷氨酰胺（Gln）	三苯甲基（Trt）

在酸性条件下脱去侧链保护基的过程中，多肽分子中某些侧链基团可能未能成功脱保护，这些多肽分子混杂于产品中就是未脱保护肽杂质。研究报道，液相色谱-质谱（LC-MS）联用对产品中存在的未脱保护的 BOC、tBu 分离效果较好[17]。

三、降解杂质

1. 水解杂质

多肽在不同的环境中可以被酸、碱、蛋白酶催化或被金属离子催化水解，高温下水解速率增大。多肽水解的位点可以是肽链中的肽键或者侧链酰胺键。

当肽链中存在天冬氨酸、丝氨酸、半胱氨酸、赖氨酸、苏氨酸等氨基酸残基时，这些位点的肽键更易水解断裂，生成不同长度的多肽。这些短肽杂质与目标多肽的色谱行为相差较大，因此比较容易分离纯化。

天冬酰胺、谷氨酰胺的侧链含有酰胺键，当肽链中存在这些氨基酸残基时，侧链酰胺键很容易水解，侧链的水解并不破坏主链结构，其水解产物与目标产物的分子量、色谱和质谱信息非常接近，常规的检查方法通常不能将其良好地检出，因此这类水解杂质很难分离，应重点选择此类杂质作为研究和质控对象[18]。

2. 氧化杂质

当多肽链中存在甲硫氨酸、半胱氨酸、组氨酸、色氨酸和赖氨酸等氨基酸残基时，在光照条件下或暴露于空气中，相应多肽产品很容易发生氧化，生成氧化杂质，因此在贮存时应注意避光密闭保存。

参考文献

[1] 叶晓霞，俞雄.多肽药物分析方法研究进展 [J].中国医药工业杂志，2003，34（7）：357-361.

[2] Jones B N, Gilligan J P. O-phthaldialdehyde precolumn derivatization and reversed-phase high-performance liquid chromatography of polypeptide hydrolysates and physiological fluids [J]. J Chromatog A，1983，266：471-482.

[3] Cohen S A, Michaud D P. Synthesis of a fluorescent derivatizing reagent，6-aminoquinolyl-N-hydroxysuccinimidyl carbamate，and its application for the analysis of hydrolysate amino acids via high-performance liquid chromatography [J]. Anal Biochem，1993，211：279-287.

[4] 江海风，马品一，金月，等.氨基酸分析方法的研究进展 [J].现代科学仪器，2013，（4）：55-61.

[5] Tapuhi Y, Schmidt D E, Lindner W, et al. Dansylation of amino acids for high-performance liquid chromatography analysis [J]. Anal Biochem，1981，115（1）：123-129.

[6] Tapuhi Y，Miller N，Karger B L. Practical considerations in the chiral separation of dns-amino acids by reversed-phase liquid chromatography using metal chelated additives [J]. J Chromatogr A，1981，205：325-337.

[7] 邢健，李巧玲，耿涛华，等.氨基酸分析方法的研究进展 [J].中国食品添加剂，2012，（5）：187-191.

[8] Edman P. Method for determination of the amino acid sequence in peptides [J]. Acta Chem Scand，1950，4：283-293.

[9] Colombo L，Guglielmi D，Selva E，et al. Characterization of the antibiotic GE2270 complex by combined liquid chromatography and mass spectrometry [J]. Rapid Commun Mass Spectrom，1996，10 (4)：409-412.

[10] 陈绍农，潘远江，陈耀祖.多肽及蛋白质质谱分析新进展 [J].质谱学报，1995，16 (3)：15-21.

[11] 孙曾培.高效毛细管电泳技术在药物分析中的应用 [J].药物分析杂志，1995，(A01)：6-10.

[12] 窦晓睿，艾小霞，高荧，等.多肽类药物含量（效价）测定方法及其应用 [J].药学进展，2011，35 (12)：536-542.

[13] 胡玉玺，蒋煜，韩天娇.制备工艺和过程控制对合成多肽药物有关物质的影响 [J].中国新药杂志，2017，26 (18)：2143-2148.

[14] 胡玉玺，蒋煜，韩天娇，等.合成多肽药物质控及杂质谱研究 [J].中国新药杂志，2018，27 (5)：502-508.

[15] 林洁虹，汪泓，邵泓，等.基于质谱技术的手性氨基酸分析以控制消旋肽杂质的研究进展 [J].药学学报，2019，1-15.

[16] 景文鹏.神经降压素的 Fmoc 固相合成 [D].天津：天津商业大学，2008.

[17] 田文静，任雪，廖海明，等.多肽类药物质量控制研究进展 [J].药物分析杂志，2013，33 (7)：1115-1120.

[18] 郜炎龙，吴超柱，徐凡，等.多肽药物固相合成中的水解杂质和非对映异构体杂质的研究 [J].重庆理工大学学报（自然科学），2014，28 (3)：69-76.

（观富宜）

第五章

美白祛斑多肽

第一节 · 概述

黑色素形成及代谢过程主要包括以下几个步骤：①紫外线照射皮肤，诱导角质形成细胞分泌多种神经肽及炎症细胞因子；②神经肽刺激黑素细胞，促进黑色素合成所需关键酶类的转录以及活化；③黑素小体内，酪氨酸酶等催化黑色素的合成；④成熟的黑素小体从黑素细胞转移至角质形成细胞；⑤黑色素在角质层分布、降解；⑥黑色素随脱落细胞排出体外。美白剂就是以抑制黑色素形成及分布或促进黑色素降解和排出过程中的任一环节为基础而开发的。

从皮肤色素形成和代谢过程来看，主要的美白途径有：抑制诱导黑素细胞活性的化学递质；抑制黑色素合成相关酶的活性、合成或促进相关酶降解；选择性地破坏黑素细胞；抑制黑素小体的转运分布；促进黑色素降解和排出。

小眼相关转录因子（microphthalmia-associated transcription factor，MITF）是黑素细胞增殖和黑色素生成过程中最主要的转录因子，调控着酪氨酸酶的基因转录。橘皮苷能够增强胞外信号调节酶 1/胞外信号调节酶 2（p-Erk1/p-Erk2）的表达，通过 Erk 信号通路的调节，削弱小眼相关转录因子的表达，最终减少酪氨酸酶、酪氨酸酶相关蛋白酶 1 和酪氨酸酶相关蛋白酶 2 的表达水平，减少黑色素生成[1]。

酪氨酸酶含有两个铜离子，它们分别与酶分子中组氨酸连接，构成酪氨酸酶的活性中心。氢醌和熊果苷主要通过连接至酪氨酸酶活性中心的组氨酸位点，导致酪氨酸酶失活，减少黑色素的合成[2,3]。曲酸主要通过螯合酪氨酸酶活性中心的铜离子，抑制酪氨酸酶活性，影响黑色素的合成[4]。

亚麻油酸或次亚麻油酸可以促进酪氨酸酶的泛素化，泛素化的酪氨酸酶将被整合到内质网相关的降解途径，从而被降解，因此黑色素的合成减少[5]。

黑素小体进入角质层后导致皮肤变黑。紫外线可以加快黑素小体向角质层转运；而烟酰胺能够抑制黑素小体的转运[6]，减少黑素小体在角质层的分布。

进入角质形成细胞的黑素小体随着角质形成细胞增殖分化，不断向表皮上移，最终跟随脱落的角质细胞一起排出体外。加速角质细胞的更新脱落可以实现美白的作用。全反式维甲酸和羟基乙酸可以促进角质形成细胞的增殖分化，促进表皮层的脱落，去除黑素化的角质细胞从而造成黑色素损耗，从而达到美白皮肤的效果[7]。

第二节 · 美白祛斑多肽举例

一、九肽-1

1. 国际化妆品原料命名（INCI）名称

Nonapeptide-1。

2. 生物学功能

九肽-1 是由 9 个氨基酸组成的多肽，它可以抑制黑素细胞的活性，减少黑素细胞合成黑色素[8]。

3. 美白作用机制

人体皮肤色素沉着以及雀斑、老年斑的形成都与黑素细胞的过度亢奋有关。α-促黑素细胞激素（melanocyte stimulating hormone-alpha，α-MSH）是人体自然产生的多肽，由 13 个氨基酸组成（Acetyl-Ser-Tyr-Ser-Met-Glu-His-Phe-Arg-Trp-Gly-Lys-Pro-Val-NH$_2$），与人体多种生理功能相关，色素沉着就是其参与调节的一种重要生理功能[9,10]。当皮肤受到紫外线照射时，角质形成细胞和成纤维细胞可通过自分泌或旁分泌产生 α-促黑素细胞激素，α-促黑素细胞激素与黑素细胞表面的黑素皮质素受体-1（melanocortin-1 receptor，MC1-R）结合后，激活腺苷酸环化酶，提高环腺苷酸（cyclic adenosine monophosphate，cAMP）水平，最终激活酪氨酸酶，催化黑色素的产生。

理想的皮肤美白剂要求没有细胞毒性，而且作用位点在黑色素合成途径的越前端效果越好。α-促黑素细胞激素与黑素皮质素受体-1 的结合，是整个色素沉着途径的第一步[11]。九肽-1 可以与 α-促黑素细胞激素竞争黑素皮质素受体-1，降低 α-促黑素细胞激素与黑素皮质素受体-1 的结合率，有效阻断黑素细胞内黑色素合成的整个途径。

4. 功效及应用

① 减少色素沉积和色素性斑点。
② 预防炎症（如痤疮、紫外线辐射）后的色素沉积。
③ 预防微创性手术和激光术后色素沉积（返黑）。
④ 美白肌肤，提亮肤色，淡化色斑。

二、谷胱甘肽

1. INCI 名称

Glutathione。

2. 生物学功能

谷胱甘肽是由谷氨酸、半胱氨酸、甘氨酸组成的三肽。人体内存在氧化型谷胱甘肽和还原型谷胱甘肽两种形式。其中，还原型谷胱甘肽是活性存在形式，约占95%。氧化型谷胱甘肽与还原型谷胱甘肽的相互转化构成机体抗氧化防御系统[12,13]。

（1）清除自由基

还原型谷胱甘肽（GSH）对自由基有直接清除的作用。在谷胱甘肽过氧化物酶（glutathione peroxidase，GSH-Px）的作用下，还原型谷胱甘肽从过氧化氢接受电子，发生自身氧化反应，生成氧化型谷胱甘肽，从而阻断自由基的生成。还原型谷胱甘肽还可将一些脂类自由基、脂质过氧自由基直接还原，阻断脂质过氧化的链式反应[14]。

还原型谷胱甘肽具有较高的自由基清除率。氧化型谷胱甘肽（GSSG）对还原型谷胱甘肽自由基清除过程有协同作用，这种协同作用与GSH和GSSG的配比有关，并且当GSH与GSSG的配比为100∶1时，自由基清除率最高[15]。

（2）抑制细胞膜脂质过氧化保护细胞膜

还原型谷胱甘肽主要通过谷胱甘肽氧化还原酶系统保护细胞膜中的不饱和脂肪酸，防止脂质过氧化，来保护细胞膜[16]。另外，还原型谷胱甘肽可与红细胞膜竞争血红素，从而保护红细胞膜免受血红素损伤。血红素与细胞膜结合会导致红细胞溶血[17]。氧自由基攻击线粒体膜不饱和脂质导致线粒体膜结构损伤，影响线粒体功能。还原型谷胱甘肽可以抵御氧自由基对线粒体的攻击，且一定浓度的还原型谷胱甘肽可保护线粒体免受氧化损伤[18]。

（3）抑制酪氨酸酶活性

还原型谷胱甘肽可以抑制酪氨酸酶的活性[19]。还原型谷胱甘肽对酪氨酸酶的抑制作用与浓度呈正相关，浓度越大抑制作用越大；同时，还原型谷胱甘肽与维生素C（V_c）联合使用比单独使用对酪氨酸酶的抑制作用强[20]。

3. 美白作用机制

人皮肤中含两种不同类型的黑色素，分别是真黑色素和褐黑色素。不同类型的黑色素对皮肤颜色的影响不同。真黑色素由酪氨酸合成，使皮肤呈棕色或黑色；褐黑色素由酪氨酸和半胱氨酸合成，使皮肤呈橙色。

在黑色素合成过程中，谷胱甘肽可以提供半胱氨酸，使多巴醌与半胱氨酸反应生成半胱氨酰多巴[21]，最终合成容易水解及吸收的褐黑色素。

酪氨酸酶中含铜离子氧化酶。铜离子的存在对酪氨酸酶的活性有重要影响。谷胱甘肽可以结合酪氨酸酶的铜离子，抑制酪氨酸酶的活性[22]。

谷胱甘肽的清除自由基和抗氧化作用可以减少促进酪氨酸酶活性或黑素细胞活性的化学递质的释放，减少黑色素的合成。

4.功效及应用

① 美白祛斑，均匀提亮肤色。

② 清除自由基，抗氧化。

③ 用于对抗外界紫外线、污染物等不良环境对皮肤的侵袭。

④ 用于预防皮肤过早衰老，维持皮肤年轻状态。

⑤ 复配其他抗氧剂如维生素 C，能提高抑制酪氨酸酶的作用，实现事半功倍的美白效果。

三、肌肽

1.INCI 名称

Carnosine。

2.生物学功能

肌肽是一种天然存在的二肽，由 β-丙氨酸和 L-组氨酸两种氨基酸组成，具有广泛的生物学作用。

（1）抗氧化、抗自由基

肌肽可以抑制由金属离子促进的脂质体氧化[23]，能够有效清除超氧阴离子、羟自由基，显著抑制自由基诱导的红细胞氧化溶血和降低肝匀浆脂质氧化产物生成[24,25]。肌肽可以保护由过氧化氢和谷氨酸钠诱导的 PC12 细胞氧化应激损伤[26]。肌肽对小鼠氧化损伤模型具有保护作用，提示肌肽在体内具有较好的清除自由基、抗氧化作用[27]。肌肽除了能够保护细胞膜，还能穿过细胞膜进入细胞参与细胞内的过氧化反应，保护蛋白酶、DNA 等[28]。

（2）抗衰老

肌肽可以使细胞保持年轻的状态，呈现出旺盛的长势[29]。肌肽可以延长老化小鼠的平均寿命[30]。吕锦芳等[31] 研究肌肽对小鼠的抗衰老作用，结果证实肌肽能够提高衰老模型小鼠的自发活动能力，使甲状腺素（T4）向三碘甲状腺原氨酸（T3）的转化减弱，并能维持血清中较高的 IGF-I 水平，提示可能与其抗衰老作用有关。

（3）抑制蛋白羰基化

肌肽对蛋白质氧化羰基化有明显的保护作用[32]。韩立强[33] 等研究了肌肽对蛋白质氧化和糖化修饰的作用，结果表明，肌肽可以抑制蛋白质氧化及蛋白质的糖化修饰作用，并且可以替代蛋白质与糖发生糖化反应，防止蛋白质糖化交联。

3. 美白作用机制

真皮内胶原（灰黄色）是影响皮肤颜色的色素之一。真皮内胶原与糖发生美拉德反应生成糖基化终产物（AGE），由灰黄色变成黄褐色，使皮肤失去弹性、变黄。

肌肽是天然的抗糖化剂，它的结构类似蛋白质糖基化位点，可以通过牺牲自己与糖发生糖化反应来降低蛋白质糖化水平[33]。

Yeargans 等[34] 发现，肌肽除了可以抑制糖基化外，在糖基化蛋白质的处理中也发挥重要的作用。肌肽与糖基化的蛋白质结合形成"肌肽-羰基-蛋白质"复合物，该复合物经细胞排出，与相应受体结合，可在溶酶体中降解[35]。

4. 功效及应用

① 用于皮肤祛黄、提亮肤色。

② 抗氧化，清除自由基，防止皮肤衰老。

③ 恢复肌肤弹性。

④ 抗羰基化。

四、六肽-2

1. INCI 名称

Hexapeptide-2。

2. 美白作用机制

六肽-2 是一种 α-MSH 的拮抗剂，可减少 α-促黑素细胞激素与黑素皮质素受体-1 的结合，减少黑色素生成。

3. 功效及应用

① 减少高色素性斑点。

② 提亮肤色，美白肌肤。

第三节·应用案例

开发美白产品时可以针对不同靶点选择合适的活性物质相互搭配实现协同增效的作用，包括抑制酪氨酸酶的活性、降低酪氨酸酶的合成和迁移、干预黑色素的转运分布、抑制诱导黑素细胞活性的物质等，多途径减少色素沉着，实现美白淡斑的作用。

1. 配方

多肽美白精华乳的配方见表 5-1。

表 5-1　多肽美白精华乳配方

INCI 名/商品名/供应商	含量/%
A 相	
卵磷脂、$C_{12} \sim C_{16}$ 醇、棕榈酸	2
鲸蜡硬脂醇	0.5
辛基聚甲基硅氧烷	1
异壬酸异壬酯	1
辛酸/癸酸甘油三酯	2
甘油硬脂酸酯/PEG-100 硬脂酸酯	0.5
聚二甲基硅氧烷	3
B 相	
透明质酸钠	0.05
甜菜碱	2
甘油	5
丙二醇	3
羟乙基脲	2
水	加至 100
C 相	
环聚二甲基硅氧烷、苯基聚三甲基硅氧烷、聚二甲基硅氧烷交联聚合物	0.5
环五聚二甲基硅氧烷(和)环己硅氧烷	2
聚二甲基硅氧烷(和)聚二甲基硅氧烷醇	1
丙烯酸钠/丙烯酰二甲基牛磺酸钠共聚物(和)异十六烷(和)聚山梨酯-80	1
D 相	
苯氧乙醇/乙基己基甘油	0.8
WKPep® Brightin 玉白肽	3

2. 工艺过程

将 A 相加入油相锅中，搅拌加热升温至 80～82℃；将 B 相加入水相锅中，搅拌加热升温至 80～82℃；将 A 相、B 相加入乳化锅中，均质 5min；搅拌降温至 60～62℃，加入 C 相，均质 5min；搅拌降温至 40℃，加入 D 相，搅拌均匀。

3. 核心美白原料介绍

WKPep® Brightin 玉白肽是九肽-1 与肌肽组成的复合肽。九肽-1 可以竞争性抑制 α-促黑素细胞激素（α-MSH），能从源头阻断黑色素的合成。肌肽具有多途径亮肤功效，一方面通过减少胶原蛋白羰基化，实现祛黄提亮的作用；另一方面具有抗氧化、清除自由基的作用，可以减少由自由基导致的炎症细胞因子释放，从而减少促黑激素或促酪氨酸酶活性因子的释放，减少黑色素合成。九肽-1 与肌肽相互配合从多途径实现美白祛斑、亮肤的效果。推荐应用于美白祛黄、提亮肤色的产品中。

4. 美白测试结果

L^* 代表皮肤亮度，L^* 值越大，皮肤越亮。在第 4 周时 L^* 值有显著性改

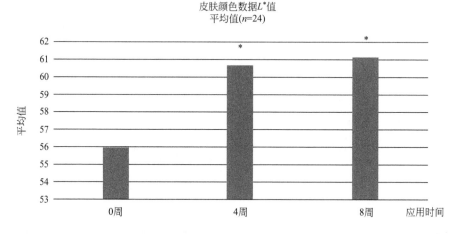

图 5-1　皮肤颜色数据 L^* 值（＊显著性差异，$P \leqslant 0.05$）

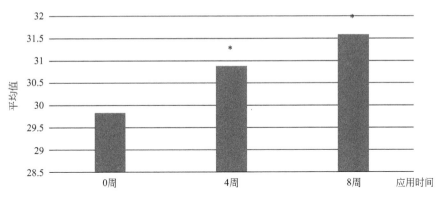

图 5-2　皮肤颜色数据 ITA°值（＊显著性差异 $P \leqslant 0.05$）

善；并且第 8 周与第 4 周对比，第 8 周的 L^* 值依然有显著性改善。结果见图 5-1 皮肤颜色数据 L^* 值。

　　ITA°代表皮肤黄度，ITA°值越高，代表皮肤越白。在第 4 周时 ITA°值有显著性改善；并且第 8 周与第 4 周对比，第 8 周的 ITA°值依然有显著性改善。结果见图 5-2 皮肤颜色数据 ITA°值。

　　对比使用前和使用 8 周后志愿者的皮肤，使用 8 周后斑点减少，肤色变得白皙匀称。

参考文献

[1] Heun Joo Lee, Woo Jin Lee, Sung Eun Chang, et al. Hesperidin, A Popular Antioxidant Inhibits Melanogenesis Via Erkl/2 Mediated MITF Degradation [J]. Int J Molecul Sci, 2015, 16 (8): 18384-18395.

[2] Anna Palumbo, Marco dlschia, Giovarula Misuraca, et al. Mechanism of illllibition of melallogenesis by hydmquinone [J]. Biochim Biphys Acta, 1991, 1073 (1): 85-90.

[3] KazIlhisa maeda, Minoru Fukuda. Arbutin: Mechanism of Its Depigmenting Action in Human Melanocyte Culture [J]. J Pharmacol Exper therap, 1996, 2 (276): 765-769.

［4］ Cabanes J，Chazarra S，Garcia-Cannona F. Koiic acid，a cosmetic skin whitening agent，is a slow-binding inhibitor of catecholase activity of tyrosinase ［J］. J Pham Phamacol，1994，12（46）：982-985.

［5］ Ando H，Wen Z M，Kim H Y，et al. lntracellular composition of fatty acid affects the processing and function of tyrosinase through the ubiquitin-proteasome pathway ［J］. Biochem J，2006，394（1）：43-50.

［6］ Hakozalki T，Minwalla L，Zhuang J，et al. The effect of niacinamide on reducing cutaneous pigmentation and suppression of melanosome transfer ［J］. Bri J Dermatol，2002，147（1）：20-31.

［7］ Yoshimura K，Tsukamoto K，Okazaki M，et al. Effects of alltrans retinoic acid on melanogenesis in pigmented skin equivalents and monolayer culture of melanocytes ［J］. J Dermatol Sci，2001，27 Suppl 1：S68-75.

［8］ Jayawickreme C K，Quillan J M，Graminski G F，et al. Discovery and structure-function analysis of alpha-melanocyte-stimulating hormone antagonists.［J］. Journal of Biological Chemistry，1994，269（47）：29846.

［9］ Hruby V J，et al. MSH peptides are present in mammalian skin ［J］. Peptides，1983，4：813-816.

［10］ Haskell-Luevano，et al. β-Methylation of the Phe7 and Trp9 melanotropin side chain pharmacophores affects ligand-receptor interactions and prolonged biological activity ［J］. J Med Chem，1997，40：2740-2749.

［11］ Kadekaro A L，et al. Significance of the melanocortin 1 receptor in regulating human melanocyte pigmentation，proliferation，and survival ［J］. Ann N Y Acad Sci，2003，994：359-365.

［12］ 樊跃平，于健春，余跃，等. 谷胱甘肽的生理意义及其各种测定方法比较、评价 ［J］. 中华临床营养杂志，2003，11（2）：136-139.

［13］ Suttorp N，Toepfer W，Roka L. Antioxidant defense mechanisms of endothelial cells：glutathione redox cycle versus catalase ［J］. Am J Physiol，1986，251（1）：671-680.

［14］ 王咏梅. 自由基与谷胱甘肽过氧化物酶 ［J］. 解放军药学学报，2005，21（5）：369-371.

［15］ 金春英，崔京兰，崔胜云. 氧化型谷胱甘肽对还原型谷胱甘肽清除自由基的协同作用 ［J］. 分析化学，2009，37（9）：1349-1353.

［16］ 程时，丁海勤. 谷胱甘肽及其抗氧化作用今日谈 ［J］. 生理科学进展，2002，33（1）：85-90.

［17］ Shviro Y，Shaklai N. Glutathione as a scavenger of free hemin. A mechanism of preventing red cell membrane damage ［J］. Biochemical Pharmacology，1987，36（22）：3801-3807.

皮
肤
活
性
多
肽

[18] 高姝娟，刘锡锰.谷胱甘肽的抗线粒体脂质过氧化作用 [J].中国生物化学与分子生物学报，1997，13（3）：287-291.

[19] DelMarmol V，Solano F，Sels A，et al. Glutathione Depletion Increases Tyrosinase Activity in Human Melanoma Cells [J]. Journal of Investigative Dermatology，1993，101（6）：871-874.

[20] 黄浩，周秀玲，吕美云.还原性谷胱甘肽、抗坏血酸对酪氨酸酶的抑制作用 [J].中国生化药物杂志，2009，30（2）：95-98.

[21] 裘炳毅，高志红.现代化妆品科学与技术 [M].北京：中国轻工业出版社，2016.

[22] 高秀蕊，石双群，宋秀芹，等.谷胱甘肽、甘露醇对酪氨酸酶的抑制和对 O_2^- 自由基的清除作用 [J].河北师范大学学报：自然科学版，1990（2）：4-8.

[23] 张梦寒，徐幸莲，周光宏.肌肽对脂质体的抗氧化作用 [J].食品科学，2002，23（7）：52-55.

[24] 韩立强，杨国宇，王艳玲，等.肌肽对 DPPH 自由基清除效果的研究 [J].河南农业大学学报，2006，40（2）：164-167.

[25] 韩立强，杨国宇，王艳玲，等.肌肽清除自由基及抗氧化性质的作用研究 [J].河南工业大学学报（自然科学版），2006，27（1）：43-46.

[26] 刘长振，王爱民，谢振华，等.肌肽对 PC12 细胞氧化应激损伤的保护作用 [J].基础医学与临床，2001，21（6）：551-553.

[27] 布冠好，杨国宇，李宏基.肌肽对小鼠氧化损伤的保护作用 [J].河南工业大学学报（自然科学版），2010，31（4）：22-25.

[28] 韩建娜，裘娟萍.肌肽的抗氧化性及其在医药上的应用 [J].科技通报，2005，21（1）：99-105.

[29] Mcfarland G A，Holliday R. Retardation of the Senescence of Cultured Human Diploid Fibroblasts by Carnosine [J]. Experimental Cell Research，1994，212（2）：167-175.

[30] Boldyrev A A，Gallant S C，Sukhich G T. Carnosine，the Protective，Anti-aging Peptide [J]. Bioscience Reports，1999，19（6）：581-587.

[31] 吕锦芳，张勤，宁康健，等.肌肽对小鼠的抗衰老作用 [J].环境与健康杂志，2008，25（3）：238-240.

[32] 周宏博，申峰，邹朝霞，等.蛋白质氧化羰基化和肌肽的保护作用 [J].中国老年学杂志，2003，23（5）.

[33] 韩立强，杨国宇，王艳玲，等.肌肽对蛋白氧化和糖化修饰的作用研究 [J].食品科学，2006，27（1）：44-46.

[34] Yeargans G S, Seidler N W. Camesine promotes the heat denaturation of Stycated protein [J]. Biochem Biopbys Res Conunun, 2003, 300: 75-80.

[35] Hipkiss A R, Browmon C, Carrier M J. Camosine, the anti-ageing, antioxidant dipeptide, may react with protein earbonyl groups [J]. Mech Ageing Dev, 2001, 122: 1431-1445.

（陈琳欣）

皮
肤
活
性
多
肽

第六章

延衰修复多肽

第一节·概述

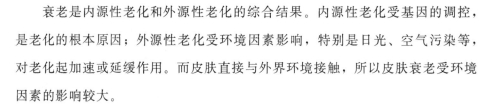

衰老是内源性老化和外源性老化的综合结果。内源性老化受基因的调控，是老化的根本原因；外源性老化受环境因素影响，特别是日光、空气污染等，对老化起加速或延缓作用。而皮肤直接与外界环境接触，所以皮肤衰老受环境因素的影响较大。

皮肤衰老明显的特征是皮肤松弛和皱纹、色素沉着、皮肤粗糙、皮肤变薄、角质屏障功能减弱。在细胞水平表现为表皮细胞更新减慢，角质形成细胞活力下降，真皮层中成纤维细胞数量减少，合成胶原蛋白和弹性蛋白的能力下降，Ⅰ型、Ⅲ型胶原的比值在衰老过程中逐渐倒置，胶原纤维逐渐变粗、出现异常交联；朗格汉斯细胞和黑素细胞数量明显下降、脂褐质明显增加，呈现出老年斑和其他色素沉着症状；皮脂腺与汗腺萎缩、分泌减少，出汗反应降低，皮肤表面的乳化物不足，角质层水合能力减弱，致使皮肤粗糙、干裂[1]。在分子水平可表现为染色体端粒缩短，DNA甲基化水平降低，细胞因子及其受体生长或抑制的基因改变[2]。

第二节 · 抗衰老的途径 [1]

关于皮肤衰老机制有很多学说，比较典型的是自由基衰老学说、光老化学说、代谢失调衰老学说、非酶糖基化衰老学说、羰基毒化衰老学说、基质金属蛋白酶衰老学说、自由基-美拉德反应衰老学说。根据这些学说，延缓皮肤衰老的途径可以归纳如下。

① 清除过量自由基，减少自由基对机体的损伤、老化。

② 预防日光照射。日光照射可引起皮肤红斑和色素沉着，加速皮肤胶原蛋白流失，使皮肤出现色斑和皱纹。

③ 改善机体的代谢功能，促进细胞新陈代谢。

④ 补充胶原蛋白和弹性蛋白。基质金属蛋白酶分泌增加会加速胶原蛋白的降解，造成皮肤胶原蛋白流失，皮肤出现松弛、弹性下降、皱纹增加，因此补充皮肤胶原蛋白和弹性蛋白是延缓皮肤衰老的重要途径。

⑤ 保湿和修复皮肤的屏障功能。

⑥ 强化皮肤防御及免疫系统，提高皮肤防护能力。衰老皮肤中朗格汉斯细胞减少，免疫力下降，易患感染性疾病导致皮肤衰老。

⑦ 抑制非酶糖基化反应和羰基毒化反应。

⑧ 抑制基质金属蛋白酶活性，减少胶原蛋白和弹性蛋白的降解和流失。

第三节 · 延衰修复多肽举例

一、肌肽

1. INCI 名称

Carnosine。

2. 生物学功能

详见"第五章　美白祛斑多肽"中第二节"三、肌肽"所述的生物学功能。

3. 抗衰老作用机制

过量自由基会引起机体损伤，如将不饱和脂肪酸氧化成超氧化物形成脂褐素，破坏细胞膜及其他重要成分。肌肽通过三个方面实现抗衰老作用：清除氧自由基，保护细胞膜，抑制 DNA、酶等的脂质过氧化反应；延缓细胞衰老，使衰老细胞年轻化；防止蛋白损伤性交联，抑制蛋白糖基化。

4. 功效及应用

① 用于皮肤祛黄、肤色提亮。

② 抗氧化，清除自由基，防止皮肤衰老。

③ 恢复肌肤弹性。

④ 抗羰基化。

推荐应用于延缓衰老、美白亮肤、祛黄、抗氧化自由基的产品中。

二、棕榈酰五肽-4

1. INCI 名称

Palmitoyl Pentapeptide-4。

2. 生物学功能

棕榈酰五肽-4是具有高度特异性、生物活性的小分子肽，被誉为"微胶原蛋白"。可以通过刺激弹性蛋白、纤连蛋白、葡糖胺聚糖、胶原蛋白（特别是Ⅰ型、Ⅲ型、Ⅳ型胶原）的合成来补充细胞外基质及促进伤口愈合[3]。实验发现，棕榈酰五肽-4可以显著促进Ⅰ型胶原和Ⅲ型胶原的生成，还刺激了另一种皮肤连接组织基质分子——纤连蛋白的生成，并通过独立的机制调节细胞外基质（extracellular matrix，ECM）的生物合成[4]。

棕榈酰五肽-4可减少皱纹的生成。在一项研究中[5]，使用棕榈酰五肽（0.005％）在右眼周区域，每天两次，连续28天，样品组的褶皱深度、厚度、皮肤粗糙度与对照组相比分别减少了18％、37％和21％。在另外一项临床试验中[6]，93名志愿者，以细纹和皱纹为指标，实验组比安慰剂组在皮肤粗糙度、皱纹体积、皱纹深度等方面均有显著改善。同时数据也显示，棕榈酰五肽-4与弹性蛋白纤维密度和厚度的增加以及真皮-表皮交界处Ⅳ型胶原调节的改善有关。

3. 抗衰老作用机制

棕榈酰五肽-4通过促进细胞外基质弹性蛋白、纤连蛋白、葡糖胺聚糖、胶原蛋白（特别是Ⅰ型、Ⅲ型、Ⅳ型胶原）等产生，实现抗衰老的作用。弹性蛋白、纤连蛋白、胶原蛋白保持皮肤结构稳定和防止皱纹的产生；其他细胞外基质维持组织细胞微环境，延缓细胞衰老和保持肌肤水分。

棕榈酰五肽-4 胶原的结构与Ⅰ型胶原前体有关，它是胶原蛋白结构中的一个片段，主要通过生物合成途径增加组织的Ⅰ型和Ⅲ型胶原。

4. 功效及应用

① 祛皱。
② 可作为面部护理及身体护理的抗衰老活性成分。
③ 修复眼周皮肤，减少皱纹、细纹的产生。

三、棕榈酰三肽-1

1. INCI 名称

Palmitoyl Tripeptide-1。

2. 生物学功能

棕榈酰三肽-1 是胶原蛋白更新的信使肽，能够刺激胶原蛋白和糖胺聚糖合成。成纤维细胞的主要功能是通过合成细胞外基质蛋白多糖类以维持真皮结构组织完整性。

修复紫外线（UV_A）损伤后的胶原蛋白。棕榈酰三肽-1（5mg/kg）与维甲酸（500mg/kg）进行比较，发现 5mg/kg 的棕榈酰三肽-1 与 500mg/kg 的维甲酸在增加胶原蛋白纤维密度和真皮高表达胶原方面的效果完全相同，但棕榈酰三肽-1 不会引起皮肤过敏。

棕榈酰三肽-1 作用于 TGF-β 受体，可刺激成纤维细胞增殖。

3. 抗衰老作用机制

随着年龄增长，机体细胞功能衰退，皮肤系统功能下降，如糖基化扰乱了适当的清除酶识别位点，阻止了酶对错误蛋白的修改，导致皮肤修复功能减慢。棕榈酰三肽-1 可以对结缔组织重建和细胞增殖过程进行反馈调控，在皮肤修复过程中能促进生成大量的比正常生理周期下更多的皮肤修复蛋白。皱纹是皮肤病症修复不佳导致的结果，可通过棕榈酰三肽-1的局部应用来恢复细胞活力，达到修复祛皱效果。棕榈酰三肽-1刺激胶原蛋白和糖胺聚糖合成，使表皮结构功能增强、皱纹减少。

4. 功效及应用

棕榈酰三肽-1可以刺激成纤维细胞生成胶原蛋白和黏多糖，深层修复皮肤，淡化皱纹，使肌肤紧致。可用于：

① 紧致修复。

② 抗皱抗衰。

③ 再生护理。

四、棕榈酰四肽-7

1. INCI 名称

Palmitoyl Tetrapeptide-7。

2. 生物学功能

棕榈酰四肽-7是免疫球蛋白IgG的一个片段，可以调控白介素-6（IL-6）的分泌，并可减轻紫外线辐照后的炎症反应。

3. 抗衰老作用机制

免疫球蛋白IgG是体内一种重要抗体，它的Fc片段可以调控各种白介素的释放。棕榈酰四肽-7是由IgG的Fc片段中四个氨基酸组成，可以降低老化皮肤炎症细胞因子IL-6水平，尤其在UV受损细胞中更为明显，从而达到重新维持皮肤中炎症细胞因子的平衡，实现对皮肤的护理。

棕榈酰四肽-7通过作用于角质形成细胞、成纤维细胞来抑制炎症细胞因子的释放，减轻炎症对皮肤的伤害，预防皱纹加深，使肌肤紧致。

4. 功效及应用

① 用于面部、颈部、手部的抗衰老护理。
② 与其他祛皱、抗衰多肽联用，具有协同增效作用。
③ 用于眼周修护。

五、铜肽

1. INCI 名称

Copper Tripeptide-1。

2. 生物学功能及作用机制[3]

铜肽是应用最早和最广泛的美容多肽之一。它在细胞外基质中发挥作用，在伤口或炎症中释放，以帮助愈合。它作为信号和载体肽，促进正常胶原蛋白、弹性蛋白、蛋白多糖和糖胺聚糖的合成，促进细胞增殖再生，增加 DNA 修复基因表达，促进组织再生、愈合和修复，并具有抗炎和抗氧化反应的作用。

铜肽通过刺激细胞调控因子促进细胞再生，修复皮肤和其他组织。用铜肽处理的干细胞可再生并表达更多的干细胞标记物。铜肽可以降低 TNF-α 诱导的细胞因子 IL-6 的水平，从而使组织更快地愈合。Pickart 等描述了铜肽显著增加 DNA 修复基因的表达。铜肽涉及不同的作用机制，可以明显促进再生、愈合和修复。此外，它还在抗衰老过程中取得了良好的效果。

铜肽可以刺激头发生长。铜肽能扩大毛囊，并使毛囊长出绒毛，其效果与一定量的米诺地尔相似。头发移植的结果显示，在使用铜肽产品后有显著改善。外用铜肽产品可刺激头皮胶原蛋白合成，稳固毛发，促进头发生长。

一些研究证实了铜肽在护肤方面应用的有效性，包括：刺激角质形成细胞增殖，改善皮肤紧致度、弹性、厚度、皱纹、斑点性色素沉着及光损伤，强化皮肤保护屏障蛋白，改善皮肤外观。

实验表明，体外铜肽可以增加和刺激胶原蛋白、糖胺聚糖和其他细胞外基质分子的合成。一些临床试验证实，局部使用铜肽乳霜可以刺激皮肤胶原蛋白的合成。铜肽合成胶原蛋白的效果明显优于维生素C、维甲酸和褪黑素。根据一项针对20名女性的研究，每天在大腿上涂抹含有铜肽、维生素C或维甲酸的面霜一个月后，比较皮肤中胶原蛋白的生成情况。采用免疫组织学方法，通过皮肤活检样品测定新胶原蛋白的产生，一个月以后，在接受治疗的患者中，铜肽增加了70%的胶原蛋白，维生素C增加了50%的胶原蛋白，维甲酸增加了40%的胶原蛋白。

Leyden[7,8]等在两项不同的研究（71名或41名女性使用12周）中证实了含铜肽的配方对衰老和晒伤皮肤的临床疗效。含铜肽的面霜和眼霜减少了皮肤老化的明显迹象，增加了皮肤密度和厚度。研究人员观察到皮肤弹性和皮肤湿度均得到改善，通过刺激胶原蛋白的合成显著平滑皮肤、减少皱纹。

在另一项研究中，67名女性每天涂抹2次铜肽乳霜，为期12周。铜肽乳霜改善了受损的、老化的皮肤。通过活检的组织学分析，再次证实，局部使用铜肽产品具有刺激皮肤角质形成细胞增殖、增加表皮和真皮范围内皮肤厚度的功效。

3. 功效及应用

铜肽用于抗衰老、抗皱、晒后修复、皮肤更新、保湿、促进头发生长等产品中。

① 促进胶原蛋白、弹性蛋白生成，收紧松弛皮肤，提高皮肤弹性。

② 恢复肌肤修复能力，减少光损伤和色斑，提亮肤色。

③ 提高皮肤的清晰度、密度和紧致度。

④ 减少细纹和深度皱纹。

⑤ 用于抗敏修复和激素脸修复配方中，修复皮肤屏障。

⑥ 促进伤疤外胶原蛋白聚集物降解，修复淡化瘢痕。

⑦ 活化毛乳头，补充毛囊营养，防脱固发。

六、棕榈酰三肽-5

1. INCI 名称

Palmitoyl Tripeptide-5。

2. 生物学功能[3]

棕榈酰三肽-5 在体外、体内研究证实，可通过刺激转化生长因子-β（TGF-β）合成胶原蛋白。

棕榈酰三肽-5 可以通过干扰 MMP-1 和 MMP-3，来防止胶原蛋白分解。

使用棕榈酰三肽-5（10～25mg/kg）的乳剂配方可减少皱纹，并显示出了剂量依赖性。

3. 抗衰老作用机制

在动物模型和人类真皮成纤维细胞培养试验中，血小板反应素-1（TSP-1）可局部促进伤口愈合，并被认为在产后皮肤结构的发育中起积极作用，它能激活潜在的无生物活性的转化生长因子-β（TGF-β）。TGF-β 被 TSP-1 激活后，使皮肤成纤维细胞持续产生Ⅰ型胶原和Ⅲ型胶原。棕榈酰三肽-5 可以模仿细胞外基质蛋白血小板反应素-1 激活 TGF-β 的活性，促进皮肤成纤维细胞合成Ⅰ型胶原和Ⅲ型胶原，具有改善皱纹、长效抗衰的作用。

另外，棕榈酰三肽-5 可通过干扰 MMP-1 和 MMP-3 来防止胶原蛋白分解，从而延缓衰老。

4. 功效及应用

① 改善皮肤质量。

② 抗皱、抗衰老。

③ 眼周修护。

④ 改善面部毛细血管扩张（俗称红血丝）。

七、棕榈酰六肽-12

1. INCI 名称

Palmitoyl Hexapeptide-12。

2. 生物学功能

棕榈酰六肽-12多肽序列是皮肤生物多肽——弹性蛋白中的片段，它通过信号传递使真皮成纤维细胞生成胶原蛋白和弹性蛋白，形成纤维连接蛋白和糖胺聚糖[3]。

3. 抗衰老作用机制[3]

棕榈酰六肽-12的序列是天然的弹性蛋白 spring 片段，在整个弹性蛋白分子中重复了6次。皮肤真皮层的重建，依托于皮肤细胞间的信息传递，而棕榈酰六肽-12是一种信号肽，能够刺激成纤维细胞合成弹性蛋白等生物大分子，具有修复由于年龄增大等原因引起的皮肤衰老问题。

4. 功效及应用

① 减少皱纹和细纹的产生。

② 预防皮肤松弛和提升皮肤紧致度。

③ 保湿。

八、六肽-9

1. INCI 名称

Hexapeptide-9。

2. 生物学功能

① 促进真皮层成纤维细胞合成胶原蛋白。
② 促进角质形成细胞表达层黏蛋白-5 和整黏蛋白。
③ 促进表皮的角化细胞分化与成熟，增加角蛋白。

3. 抗衰老作用机制

六肽-9 的结构在人体Ⅳ型胶原和ⅩⅦ型胶原（两种关键基膜胶原蛋白）中都有出现。六肽-9 可刺激成纤维细胞合成胶原蛋白，补充真皮层胶原蛋白的含量；促进角质形成细胞表达层黏蛋白-5 和整黏蛋白，形成和加固真皮表皮连接组织（DEJ），从而减少细纹、使肌肤紧致，达到抗衰老的目的。

4. 功效及应用

① 减少皱纹和细纹的产生。
② 改善皮肤松弛和提升皮肤紧致度。

九、六肽-11

1. INCI 名称

Hexapeptide-11。

2. 生物学功能[9]

六肽-11 被证明可以影响成纤维细胞和真皮乳头细胞的衰老过程。

3. 抗衰作用机制[9]

衰老调控机制与该肽可逆性下调毛细血管扩张性共济失调突变基因（ATM）和 p53 蛋白表达有关。p53 作为监测细胞 DNA 损伤的关键蛋白质对于维持细胞健康具有重要意义；ATM 通过磷酸化激活 p53，使细胞进入衰老状态，阻止细胞增殖分化。影响 ATM 和 p53 的表达能影响细胞衰老和有效延缓细胞衰老过程。浓度 0.1%～1% 的六肽-11 对两种细胞系的 ATM 和 p53 表达都有影响。

4. 功效及应用

① 减少皱纹和细纹产生。
② 提高皮肤弹性和紧致度。
③ 对抗衰老。
④ 稳固毛囊。

第四节·应用案例

衰老的进程随着时间的推移一直在持续。衰老往往是由多种因素相互加成导致的，单一因素刺激作用的增加会导致另一因素衰老作用的增加，比如光老化会加速皮肤内在老化进程，最终加速老化。因此，延缓衰老可以针对不同因素和机制进行。

1. 配方

逆龄修复精华霜的配方见表 6-1。

表 6-1　逆龄修复精华霜配方

INCI 名/商品名/供应商	含量/%
A 相	
鲸蜡硬脂醇(和)鲸蜡硬脂基葡糖苷	3
甘油硬脂酸酯/PEG-100 硬脂酸酯	0.5
辛基聚甲基硅氧烷	1
鲸蜡硬脂醇	1
辛酸/癸酸甘油三酯	5
牛油果树(*Butyrospermum parkii*)果脂油	3
聚二甲基硅氧烷	3
B 相	
透明质酸钠	0.05
甜菜碱	2
丙二醇	1
水	加至 100
C 相	
生育酚乙酸酯	0.8
聚二甲基硅氧烷(和)聚二甲基硅氧烷醇	1
丙烯酸钠/丙烯酰二甲基牛磺酸钠共聚物(和)异十六烷(和)聚山梨酯-80	1
D 相	
苯氧乙醇/乙基己基甘油	0.8
WKPep® SRM Peptides 维肤妍	3

2. 工艺过程

将 A 相加入油相锅中，搅拌加热升温至 80～82℃；将 B 相加入水相锅中，搅拌加热升温至 80～82℃；将 A 相、B 相加入乳化锅中，均质 5min；搅拌降温至 60～62℃，加入 C 相，均质 5min；搅拌降温至 40℃，加入 D 相，搅拌均匀。

3. 核心抗衰原料介绍

WKPep® SRM Peptides 维肤妍是一种含有棕榈酰四肽-7、三肽-1、棕榈酰五肽-4 多种高活性多肽成分的专利复合原料，多靶点激活成纤维细胞生成胶原蛋白、弹性蛋白、多糖等，维持真皮层结构；修复基底膜；促进角蛋白合成，增进表皮的再生能力；强效修复肌肤，提升皮肤紧致度、柔润性、弹性，改善皮肤皱纹、粗糙度、毛孔等，使肌肤逆龄恢复年轻状，长效抗衰老。可应用于延缓皮肤衰老、抗皱修复、紧致提拉、保湿的产品中。

4. 功效测试

细胞划痕实验（wound healing）是一种操作简单、经济实惠的研究细胞迁移能力的体外实验方法。其原理是，当细胞长到融合成单层状态时，在融合的单层细胞上人为制造一个空白区域，即为"划痕"，划痕边缘的细胞会逐渐进入空白区域使"划痕"愈合。通过对一定时间段后划痕区域细胞状态的观察，可评测产品或功效物对于伤口愈合的促进能力。

通过 WKPep® SRM Peptides 维肤妍与 EGF（样品浓度为 10ng/mL，厂家为 PEPROTECH，比活力为 1×10^7U/mg）进行基于角质形成细胞的细胞迁移实验（图 6-1）和基于人成纤维细胞的细胞迁移实验（图 6-2）对比。

在基于角质形成细胞的细胞迁移实验中，实验结果显示，与溶剂对照

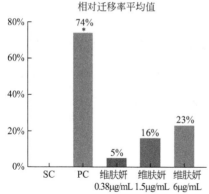

相对迁移率平均值

样品编号	迁移率平均值	相对迁移率平均值
溶剂对照(SC)	0.48	0
EGF对照(PC)	0.84	74%*
维肤妍0.38μg/mL	0.55	5%
维肤妍1.5μg/mL	0.56	16%
维肤妍6μg/mL	0.59	23%

*表示与SC组相比 $P<0.05$。

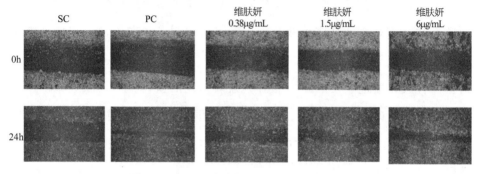

图 6-1 基于角质形成细胞的细胞迁移实验

（solvent control）组相比，阳性对照（positive control）组细胞相对迁移率显著升高，表示本次实验有效。样品维肤妍在 $1.5\mu g/mL$ 和 $6\mu g/mL$ 两个浓度下，细胞相对迁移率有升高趋势，相对迁移率平均值分别为 16％和 23％。与溶剂对照 SC 组相比，样品维肤妍在 $1.5\mu g/mL$ 和 $6\mu g/mL$ 两个浓度下，对角质形成细胞的细胞迁移有一定的促进作用。

在基于人成纤维细胞的细胞迁移实验中，实验结果显示，与溶剂对照 SC 组相比，样品维肤妍在 $0.38\mu g/mL$ 和 $1.5\mu g/mL$ 两个浓度下，对人成纤维细胞的细胞迁移均有一定的促进作用，相对迁移率平均值分别为 12％和 24％；样品维肤妍在 $6\mu g/mL$ 浓度下，对人成纤维细胞的细胞迁移有显著的促进作用。

皮肤活性多肽

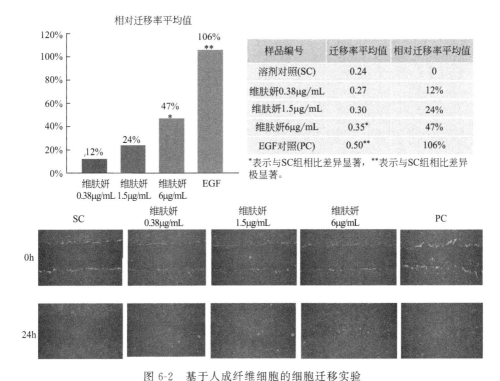

图 6-2 基于人成纤维细胞的细胞迁移实验

参考文献

[1] 来吉祥，何聪芬，董银卯.皮肤衰老机理及延缓衰老化妆品的研究进展 [J].中国美容医学杂志，2009，18 (8)：1208-1212.

[2] 符移才，金锡鹏.皮肤衰老和细胞衰老 [J].临床皮肤科杂志，2000，29 (4)：245-247.

[3] Schagen S. Topical Peptide Treatments with Effective Anti-Aging Results [J].2017，4 (2)：16.

[4] Katayama K，Armendariz-Borunda J，Raghow R，et al. A pentapeptide from type I procollagen promotes extracellular matrix production [J].Journal of Biological Chemistry，1993，268 (14)：9941-9944.

[5] Lintner K. Cosmetic or dermopharmaceutical use of peptides for healing，hydrating and improving skin appearance during natural or induced ageing (heliodermia，pollution)：US，US6620419 [P]，2003.

[6] Robinson L R，Fitzgerald N C，Doughty D G，et al. Topical palmitoyl pentapeptide provides im-

provement in photoaged human facial skin1 [J]. International Journal of Cosmetic Science，2010，27 (3)：155-160.

[7] Leyden J，Stephens T，Finkey M，Appa Y，Barkovic S. Skin care benefits of copper peptide contai-ning facial cream [C]. in Proceedings of the American Academy of Dermatology Meeting，New York，NY，USA，2002.

[8] Leyden J，Stephens T，Finkey M，Barkovic S. Skin Care Benefits of Copper Peptide Containing Eye Creams [J]. University of Pennsylvania，2002.

[9] Gruber J V，Ludwig P，Holtz R. Modulation of cellular senescence in fibroblasts and dermal papillae cells in vitro [J]. Journal of Cosmetic Science，2013，64 (2)：79-87.

（陈琳欣）

皮
肤
活
性
多
肽

抗敏舒缓多肽

第一节·概述

敏感性皮肤（sensitive skin）和皮肤过敏（allergic skin）很容易被大家所混淆，不少人甚至认为皮肤敏感就是皮肤过敏。其实，皮肤敏感和皮肤过敏是两个截然不同的概念。皮肤敏感是一种皮肤状态，反映的是皮肤对外界刺激的反应敏感性强、耐受性差，医学上普遍认为这并不是一种皮肤疾病；而皮肤过敏是一种自身免疫性疾病，为一种机体被过敏原刺激而引发的超敏反应。敏感性皮肤很容易产生过敏反应，但并非所有发生过皮肤过敏反应的人就一定是敏感性皮肤。据全球数据统计，目前已经有近 38％男性和 50％女性自认为是敏感性皮肤[1]。

一、敏感性皮肤

人体皮肤内含有丰富的感觉神经纤维，这些神经纤维让中枢神经系统可以随时觉察到皮肤的状况，并对各种化学刺激、冷热状况、生理刺激等作出反应。敏感性皮肤是一种亚健康状态，内分泌失调、工作压力过大、外界环境的变化以及护理不当等因素导致皮肤的天然屏障遭受破坏、自我防御能力下降，使外界刺激物容易渗入，使皮肤感觉神经信号传入增强、耐受阈值降低，对外界微弱刺激反应过度，激活皮肤的免疫反应，导致血管扩展、炎症细胞浸润，皮肤会出现红肿、毛细血管扩张，感觉有紧绷感、灼热、瘙痒等各类肌肤不适症状。

敏感性皮肤的主要特点是皮肤十分敏感脆弱，极易受到内外因素的刺激而产生各种不良反应。某些物理因素（日晒、四季更替、气候变化等）、化学因素（化妆品、盥洗剂等）、医源性因素（外用激素、激光术后、果酸焕肤等）等外部因素及心理因素（情绪、压力等）、内分泌失调等内部因素都是皮肤敏感症的触发因子。

二、造成敏感性皮肤的原因

1. 皮肤屏障功能衰退

皮肤屏障功能衰退，为皮肤敏感的重要原因之一[2]。A. Kligman 等[3] 的研究也证实，当皮肤角质层变薄、皮肤屏障功能受损时，更容易受到外界刺激物的激惹。

健康的皮肤屏障、皮脂膜组成完整，角质层角质形成细胞排列整齐，可以阻止体内水分、电解质的丢失，防御外来的理化因素和微生物入侵，减少紫外线损伤，甚至还有一定的调节炎症的功能。

有些人可能会由于遗传原因，天生皮脂膜和角质层的"砖-墙"结构不完整。某些外力因素也可能会造成皮脂膜和角质层的"砖-墙"结构受损，例如，长期外用激素，激素依赖性皮炎、痤疮、湿疹等皮肤病，光损伤，激光治疗、化学剥脱等创伤性治疗，以及过度"换肤""去死皮"等。一旦皮脂膜及"砖-墙"结构受到破坏，皮肤屏障功能受损，导致皮肤内部水分容易流失，刺激物或抗原就容易侵入皮肤，则较容易发生刺激反应及免疫反应。

2. 皮肤神经传导功能增加

敏感性皮肤容易感觉到外界的刺激，这可能与皮肤表面神经因素密切相关。国外科学家 Yokota 等[4] 针对敏感性皮肤特征的研究表明，在敏感性皮肤角质层中，所有类型的神经生长因子的含量都要比正常皮肤的高。Querleux

等[5] 的研究也表明，敏感性皮肤与中枢神经功能改变及外周神经功能异常有关，特别是与皮肤神经反应增强有关。若神经传导功能增强，皮肤即使受到较轻的刺激也会产生较强烈的感觉。这种变化可能存在一定的病理生理基础，如敏感者的末梢神经结构发生改变、神经递质释放增多及神经中枢信息加工过程特殊等。

3. 炎症反应

神经源性炎症是指皮肤受到外界刺激物激惹，通过诱导感觉神经末梢神经肽（如 P 物质）的释放而介导炎症反应的发生。皮肤神经源性炎症是机体对外界理化刺激物、内在情绪或生理状态等的自然反应。倘若刺激剂持续存在，皮肤持续处于炎症状态，会造成皮肤细胞的损伤，破坏皮肤屏障结构与末梢神经结构。

由于皮肤屏障功能的衰退和神经功能的异常，皮肤则会更敏感，更容易受到外界刺激物的侵袭，更容易发生一系列由刺激反应导致的皮肤炎症，随后进一步损伤皮肤屏障结构与末梢神经结构，如此形成恶性循环。

第二节 · 抗敏舒缓多肽举例

一、棕榈酰三肽-8

1. INCI 名称

Palmitoyl Tripeptide-8。

2.生物学功能

在角质形成细胞中，棕榈酰三肽-8 通过与 MC1-R 结合，减少由紫外线 B（UVB）照射所引起的炎症细胞因子 IL-8 的释放。在角质细胞中，棕榈酰三肽-8 能够抑制 IL-1α 诱导的 IL-8 的产生，这表明棕榈酰三肽-8 可以抑制炎症级联反应的前期步骤。

另外，棕榈酰三肽-8 能减少由 P 物质释放所引发的一系列不良后果。

3.抗敏舒缓作用机制

在皮肤中，一些内源性的神经肽有天然的抗炎活性。神经肽在生理条件下由神经细胞产生，并由皮肤和免疫细胞释放，在炎症反应和免疫调节中发挥重要作用，如 P 物质（SP）、降钙素基因相关肽（CGRP）以及阿黑皮素原（POMC）衍生物等[6]。阿黑皮素原是在皮肤对局部压力的反应中发现的神经内分泌蛋白，是一种神经肽的重要前体。POMC 会进一步分解为 MSH（α、β、γ 三种亚型）和促肾上腺皮质素（ACTH）。其中，α-MSH 是公认的皮肤免疫和炎症反应的重要调节剂。

α-MSH 与 MC1-R 有高亲和力，两者结合抑制炎症，下调炎症细胞因子如 IL-1、IL-6、IL-1β 和 TNF-α 的生成。使用黑素皮质素受体-1（MC1-R）高选择性受体抑制剂，竞争性抑制 MC1-R 有助于发挥抗炎作用[7]。

基于皮肤生理学的发展，科学家们突破传统化妆品活性成分来源的局限，科学设计的仿生肽，可以替代天然皮肤神经肽解决各种皮肤问题。棕榈酰三肽-8 就是一种模拟 α-MSH 的仿生肽。棕榈酰三肽-8 与 α-MSH 相似，具有与 MC1-R 高度亲和的能力，能与 MC1-R 结合，发挥抗炎作用。

棕榈酰三肽-8 能减少由 P 物质释放所引发的一系列不良后果，减少炎症细胞因子（IL-1、IL-8、TNF-α）释放，缓解血管扩张，预防和减少外部刺激的激惹，缓解瘙痒、刺痛、红斑、水肿等症状，维持正常的皮肤敏感阈值，保持皮肤健康。

4. 功效及应用

降低皮肤对刺激物的反应，帮助减少皮肤炎症反应，缓解神经性水肿。尤其适用于敏感性皮肤的护理。

二、乙酰基二肽-1 鲸蜡酯

1. INCI 名称

Acetyl Dipeptide-1 Cetyl Ester。

2. 生物学功能

乙酰基二肽-1 鲸蜡酯能改善血管扩张现象，改善皮肤敏感状况。

3. 抗敏舒缓作用机制

敏感性皮肤的神经源高反应性通常与瞬时感受器电位香草酸受体（transient receptor potential vanilloid，TRPV1）和神经肽（如 P 物质、CGRP）的释放作用有关。P 物质和 CGRP 是一类高活性的神经肽类物质，会引起微血管扩张和血浆外渗，与皮肤瘙痒、疼痛、水肿均有关。乙酰基二肽-1 鲸蜡酯可抑制 CGRP 和 P 物质的释放，预防并缓解过敏症状。

4. 功效及应用

降低皮肤对刺激物的神经性反应，提高皮肤耐受能力。用于舒缓皮肤、修复敏感性皮肤的产品中。

第三节 · 应用案例

针对敏感性皮肤神经源性炎症、神经源高反应性和皮肤屏障功能衰退的特点，可选择抗炎、降低神经反应性、修复角质屏障的活性物护理肌肤，增加皮肤对刺激源的耐受力。

1. 配方

舒缓修复喷雾的配方见表7-1。

表 7-1　舒缓修复喷雾配方

INCI名/商品名/供应商	含量/%
A 相	
赤藓糖醇	2
丁二醇	1
尿囊素	0.2
泛醇	1
水解透明质酸钠	0.2
对羟基苯乙酮	0.5
水	加至100
B 相	
WKPep® Calmin 舒缓肽	1
WKPep® SRM Peptides 维肤妍	5
1,2-己二醇	0.4

2. 工艺过程

将 A 相加入乳化锅中，搅拌加热升温至 80～82℃，溶解均匀后，搅拌降温；待温度降至 40℃时，加入 B 相，搅拌均匀。

3. 核心抗敏舒缓修复原料介绍

赤藓糖醇、泛醇、水解透明质酸钠能够补充皮肤水分，缓解皮肤干燥导致的瘙痒。

尿囊素具有良好的镇静抗炎功效。

WKPep® Calmin 舒缓肽的主要活性成分是棕榈酰三肽-8，可降低皮肤对刺激物的反应、帮助减少皮肤炎症反应。

WKPep® SRM Peptides 维肤妍含有棕榈酰四肽-7、三肽-1、棕榈酰五肽-4等多种活性多肽成分，是一种能综合管理皮肤质量的复合肽，能全面改善由衰老导致的皮肤外观改变，从防御到逐层激活表皮、基底膜和真皮层的皮肤细胞，促进基质蛋白合成，强效修复肌肤，改善皮肤结构。

参考文献

[1] Willis C M，Shaw S，De Lacharriere O，Baverel M，Reiche L，Jourdain R，Bastien P，Wilkinson J D. Sensitive skin：an epidemiological study [J]. Brit J Dematol，2001，145（2）258-263.

[2] Berardesca E，Farage M，Maibach H. Sensitive skin：an overview [J]. Int J Cosmet Sci，2013，35（1）：2-8.

[3] Kligman A. Human models for characterizing Sensitive Skin [J]. CosmDerm，2001，14：15-19.

[4] Yokota T，Matsumoto M，Sakamaki T，et al. Classification of sensitive skin and development of a treatment system appropriate for each group [J]. IFSCC Magazine，2003，6：303-307.

[5] Querleux B，Dauchol K，Jorrdain R，et al. Nerral basis of sensitive skin：An fMRI study [J]. Skin Res Tech，2008，14：454-461.

［6］Peters E M，Ericson M E，Hosoi J，Seiffert K，Hordinsky M K，Ansel J C，Paus R，Scholzen T E. Neuropeptide control mechanisms in cutaneous biology：physiological and clinical significance ［J］. J Invest Dermatol，2006，126（9）：1937-1947.

［7］Catania A，Gatti S，Colombo G，Lipton J M. Targeting melanocortin receptors as a novel strategy to control inflammation ［J］. Pharmacol Rev，2004，56（1）：1-29.

（厉　颖　陈琳欣）

第七章　抗敏舒缓多肽

第八章

防脱生发类多肽

第一节·概述

毛发由毛干和毛根两部分组成。毛干为露出皮肤之外的部分，即肉眼可见部分；而毛根是埋在皮肤里面的部分，即毛发的根部。毛根逐渐生长出皮肤外面成为毛干。

毛干由含有黑色素的角化细胞构成，其呈现的颜色由黑色素含量的多少决定。毛根被毛囊包围着。毛囊是由上皮组织和结缔组织构成的鞘状囊，是由表皮向下生长和真皮结缔组织共同形成的囊状结构。一般认为毛囊密度是先天决定的，毛囊数量到了成年期不能再增加。毛根和毛囊末端膨大的部分称为毛球。毛球的细胞分裂活跃，为毛发的生长点。而毛球的底部凹陷，结缔组织突入其中，形成毛乳头。毛乳头内部含有毛细血管及神经末梢，能够为毛发生长提供养分，同时有感觉功能。若毛囊和毛乳头萎缩或受到破坏，则会导致毛发易脱落或停止生长。

一根毛发的生长过程分为生长期、退行期和休止期3个阶段。

① 生长期。在此时期，真皮细胞增殖形成毛乳头和真皮鞘，分泌细胞外基质向毛囊中输送，维持毛发的生长；毛乳头不断增大，细胞分裂加快、数目增多，毛发开始成长，毛根变长变粗、生长快速。头发生长期会持续近3～5年，甚至更长，且有约90%左右的头发处于生长期；而睫毛的生长期极其短暂，大约仅1个月。

② 退行期。也称退化期。在此时期，毛乳头逐渐缩小，毛发细胞分裂停

止，毛发不再生长。头发的退行期大约为 2～3 周，且仅有 1％头发处于退化期。

③ 休止期。又称静止期。在此时期，毛囊逐渐萎缩，毛乳头缩小至点状，直至下一个周期的开始。与生长期毛乳头相比，休止期的毛乳头细胞外基质分泌极为贫乏，毛囊萎缩，旧的毛发因此脱落。接着在毛囊周边会形成一个新的毛球，新毛发长出，进入下一个重复周期。头发的休止期约 3 个月，只有约 10％头发处于休止期；而有 90％左右的睫毛处于休止期，且为期约 3～5 个月，甚至更加漫长。

第二节 · 防脱生发类多肽举例

一、生物素三肽-1

1. INCI 名称

Biotinoyl Tripeptide-1。

2. 生物学功能

减少脱发现象；增强毛囊和根鞘对毛发的锚定作用。

3. 促毛发生长作用机制

在成纤维细胞和角质形成细胞聚集的真皮毛乳头中，真皮细胞和表皮细胞间的物质交流是头发生长很重要的一个要素。真皮毛乳头中含有的丰富的胶原蛋白和糖胺聚糖，是维持各细胞间的密切联系和促进毛发生长所必需的化学通信。Ⅳ型胶原和层粘连蛋白是真皮毛乳头（毛发生长的基质马达）的重要组成结构，同时，它们也构成了表皮与真皮连接点的基础层[1,2]。当真皮毛乳头受到损伤后，角质形成细胞和成纤维细胞便会生成大量Ⅳ型胶原和层粘连蛋白等基质蛋白，组建新的真皮毛乳头[3]。

生物素在生物学上，是线粒体新陈代谢中必不可少的一种酶辅助因子。生物素的缺乏，可能会造成机体的很多问题，如头发变细、秃头、瘙痒、皮肤炎症等，神经细胞和角质形成细胞对生物素缺乏都比较敏感[4]。

生物素三肽-1是三肽-1经生物素修饰后得到的，能够防止毛发脱落、促进毛发生长的新型多肽。一方面，生物素的补充，可以减少毛发变细、脱发等现象的出现；另一方面，三肽-1（glycyl-hystidy-lysine，GHK）是细胞外基质家族的构成成员[5]，可促进基质蛋白的合成，增强真皮毛乳头细胞间的化学信息的传递，维持毛囊健康。通过两方面的作用能够延长毛发生长期、促进毛发生长、增强毛囊和根鞘对毛发的锚定作用。

4.功效及应用

对抗毛囊衰老，防止毛发脱落，促进毛发生长。

二、肉豆蔻酰五肽-17

1. INCI 名称

Myristoyl Pentapeptide-17。

2. 生物学功能

活化角质蛋白基因，促进角质蛋白表达。

3. 促毛发生长作用机制

毛发的主要成分是角质蛋白，约占毛干的 $85\% \sim 90\%$。肉豆蔻酰五肽-17能够活化角质蛋白基因，促进角质蛋白表达，具有促进毛发生长的功效。

4. 功效及应用

促进睫毛生长。可添加到睫毛膏、睫毛护理液、眼线笔、睫毛营养液、睫毛生长液等促进睫毛生长的护理产品中。

三、乙酰基四肽-3

1. INCI 名称

Acetyl Tetrapeptide-3。

2. 生物学功能

刺激成纤维细胞生成基质蛋白和锚定纤维。

3. 促毛发生长作用机制

可刺激真皮毛乳头和毛囊周围成纤维细胞生成Ⅲ型胶原、层粘连蛋白等基质蛋白和Ⅶ型胶原（锚定纤维），使毛囊更加饱满健康，固定毛发。

4. 功效及应用

促进毛发生长。可添加到睫毛膏、眉毛营养液、防脱营养液等促进毛发生长的护理产品中。

第三节 · 应用案例

一、防脱生发精华配方实例

1. 配方

防脱生发精华的配方见表 8-1。

表 8-1　防脱生发精华配方

INCI名/商品名/供应商	含量/%
乙醇	10
WKPep® Pro-brow 促眉素	5
泛醇	1
苯氧乙醇/乙基己基甘油	0.7
水	加至 100

2. 工艺过程

将水升温至 85℃，保温 15～20min，，搅拌降温至 40℃，加入剩余的原料，混合搅拌均匀。

3. 核心防脱生发功效原料介绍

WKPep® Pro-brow 促眉素的主要活性成分是乙酰基四肽-3，具有稳固毛发、防脱固发、促进毛发生长等功效。

二、睫毛生长液配方实例

1. 配方

睫毛生长液的配方见表 8-2。

表 8-2 睫毛生长液配方

INCI 名/商品名/供应商	含量/%
A 相	
黄原胶	0.15
泛醇	1
水	加至 100
B 相	
WKPep® Pro-Lash 维睫修	5
苯氧乙醇/乙基己基甘油	0.4

2. 工艺过程

将 A 相加入乳化锅中，搅拌加热升温至 $80\sim82℃$，溶解均匀后，搅拌降温；待温度降至 $40℃$ 时，加入 B 相，搅拌均匀。

3. 促睫毛生长功效原料介绍

WKPep® Pro-Lash 维睫修含有多种高活性多肽成分，在促进睫毛生长的同时，加固毛囊，使睫毛不易脱落。用于各种促进睫毛生长的护理产品中，如睫毛膏、睫毛护理液、眼线笔、睫毛营养液、睫毛生长液等；也可用于眉毛生长及防脱固发生发产品中。

参考文献

[1] Jahoda C A，Mauger A，Bard S，et al. Changes in fibronectin，laminin and type IV collagen distribution relate to basement membrane restructuring during the rat vibrissa follicle hair growth cycle [J]. Journal of Anatomy，1992，181（Pt 1）：47.

[2] Horne K A，Jahoda C A，Oliver R F. Whisker growth induced by implantation of cultured vibrissa dermal papilla cells in the adult rat [J]. J Embryol Exp Morphol，1986，97（9）：111-124.

[3] Jahoda C A，Horne K A，Mauger A，et al. Cellular and extracellular involvement in the regeneration of the rat lower vibrissa follicle [J]. Development，1992，114（4）：887-897.

[4] Packman S. Multiple biotin-dependent carboxylase deficiencies associated with defects in T-cell and B-cell immunity [J]. Lancet，1979，314（8134）：115-118.

[5] Massoudi D. Approches thérapeutiques des opacités cornéennes par modulation de l′activité de protéinases de la matrice extracellulaire [D]. 2011.

（厉　颖　陈言荣）

皮
肤
活
性
多
肽

第九章

改善皱纹多肽

第一节 · 概述

　　人体皮肤衰老最明显的信号应该是脸部皱纹的出现。皱纹的产生可能是由于随着时间推移，新陈代谢减缓，人体细胞衰老，胶原蛋白、弹性蛋白等基质流失等生物化学、组织学和生理学上的变化造成的。也有其他原因造成脸部特殊的褶皱、沟壑，例如，由于重力在脸部固定地方的牵扯力或压迫力，或者由于脸部表情肌的反复收缩。无论什么原因，与面部衰老的分子机制直接相关的是胶原三股螺旋结构的改变、弹性蛋白肽链的降解及皮肤填充脂质基质的失调，而抑制表情肌的收缩可以有效地减轻这些皮肤构造上的改变和脂质基质的紊乱。

　　当肌肉纤维上的受体接受了从神经突触囊泡中释放出来的神经递质，就会引起肌肉收缩。而 SNARE 复合体是神经递质从神经突触内囊泡中释放出来所必需的结构[1]。SNARE 是由突触小泡缔合性膜蛋白（VAMP 蛋白）、突触融合蛋白（syntaxin）和 SNAP-25 所组成的三元复合体，它就像一个细胞倒钩一样，抓取囊泡并促使它们与神经突触的前膜融合，从而释放神经递质。

第二节·改善皱纹多肽举例

一、乙酰基六肽-8

1. INCI 名称

Acetyl Hexapeptide-8。

2. 生物学功能

具类肉毒杆菌毒素 A 作用，能抑制神经突触囊泡中的递质释放，无神经毒性。根据 Blanesmira 的研究[2]，健康女性志愿者使用含有 50mg/kg 乙酰基六肽-8 的乳剂治疗 30 天后，进行皮肤形态学分析，皱纹深度平均减少了 30%。

3. 祛皱作用机制

乙酰基六肽-8 是模拟 SNARE 复合体中 SNAP-25 蛋白 N 末端的 6 个氨基酸序列而形成的多肽，参与竞争 SNAP-25 在 SNARE 复合体中的位点，从而影响复合体的形成。如果囊泡复合体稍有不稳定，囊泡细胞膜与神经突触末梢膜就不能融合，囊泡内的乙酰胆碱便不能释放，肌肉不会收缩，随之皱纹形成减少。

4. 功效及应用

可作为肉毒杆菌毒素安全有效的替代品，减少由于面部表情肌收缩造成的皱纹。特别适用于改善皱纹的眼部和面部产品中。

二、二肽二氨基丁酰苄基酰胺二乙酸盐

1. INCI 名称

Dipeptide Diaminobutyroyl Benzylamide Diacetate。

2. 生物学功能

结合肌肉型烟碱型乙酰胆碱受体（muscle-nicotinic acetylcholine receptor，m-nAChR），阻断乙酰胆碱与 m-nAChR 结合。

3. 祛皱作用机制

二肽二氨基丁酰苄基酰胺二乙酸盐，是一种模拟蛇毒毒素 Waglerin 1 活性的小肽。Waglerin 1 发现于 Temple Viper 毒蛇（*Tripidolaemus wagleri*）的毒液中，它是肌肉型烟碱型乙酰胆碱受体的一种拮抗剂，可抑制神经肌肉收缩。二肽二氨基丁酰苄基酰胺二乙酸盐的作用方式与 Waglerin 1 一致，即通过结合肌肉型烟碱型乙酰胆碱受体从而阻止乙酰胆碱与受体结合，导致受体封闭。在封闭状态下，钠离子不能释放，肌肉因此放松，从而淡化由表情肌收缩所形成的皱纹。

4. 功效及应用

具类肉毒杆菌毒素作用，可对抗表情纹。适用于改善皱纹的产品中。

三、乙酰基八肽-3

1. INCI 名称

Acetyl Octapeptide-3。

2. 生物学功能

具类肉毒杆菌毒素作用，能抑制神经递质释放。乙酰基八肽-3 比乙酰基六肽-8 多两个氨基酸，具有比乙酰基六肽-8 更好的抑制神经突触囊泡中的递质释放的作用。

3. 祛皱作用机制

乙酰基八肽-3 抑制 SNARE 复合体的形成，影响囊泡与突触前膜融合，进而抑制乙酰胆碱的释放，使肌肉收缩减弱，表情纹形成减少。

4. 功效及应用

可作为肉毒杆菌毒素安全有效的替代品，减少由于面部表情肌收缩造成的皱纹。特别适用于改善皱纹的眼部和面部产品中。

四、β-丙氨酰羟脯氨酰二氨基丁酰苄基酰胺

1. INCI 名称

β-Alanyl Hydroxyprolyldiaminobutyroyl Benzylamide。

2. 生物学功能

结合肌肉型烟碱型乙酰胆碱受体（m-nAChR），阻断乙酰胆碱与 m-nAChR 结合。

3. 祛皱作用机制

β-丙氨酰羟脯氨酰二氨基丁酰苄基酰胺（新型蛇毒肽，WKPep® Erasin）是一种基于二肽二氨基丁酰苄基酰胺二乙酸盐进行结构优化筛选得到的小分子肽。其作用机制同二肽二氨基丁酰苄基酰胺二乙酸盐的，通过结合肌肉型烟碱型乙酰胆碱受体从而阻止乙酰胆碱与受体的结合，最终导致受体封闭。在封闭

状态下，钠离子不能释放，肌肉因此松弛。相较于二肽二氨基丁酰苄基酰胺二乙酸盐，本品能更有效地减少由表情肌收缩所造成的皱纹。

4. 功效及应用

具类肉毒杆菌毒素功效，即时强力淡化表情纹，效果优于蛇毒肽，可安全解决眼纹、抬头纹、法令纹等，是肉毒杆菌毒素更安全、温和有效的替代方案。

五、芋螺毒素

1. 生物学功能

天然的 μ-芋螺毒素可特异性阻断电压门控 Na^+ 通道，抑制肌肉收缩[3]。芋螺毒素模拟天然的 μ-芋螺毒素，由 22 个氨基酸构成，具有 μ-芋螺毒素二硫键骨架，分子中 3 对二硫键链接方式为 C^3-C^{15}、C^4-C^{21}、C^{10}-C^{22}。其结构高度折叠，穿透能力强，可特异地阻断电压门控 Na^+ 通道，抑制肌肉收缩。

2. 祛皱作用机制

当动作信号传达到神经突触末梢后，经过一系列生理活动，乙酰胆碱被释放后，与其受体 m-nAChR 结合，此时芋螺毒素特异性地阻断了肌肉纤维 Na^+ 内流的通道 Nav1.4，因此 Na^+ 内流受阻，不能形成肌肉动作电位，使表情肌得以放松，可以有效地预防和减少皱纹。

3. 功效及应用

芋螺毒素被誉为可以涂抹的类肉毒杆菌毒素，可即时快速祛皱。用于改善皱纹的护肤品中。

第三节·应用案例

即时祛皱主要通过放松表情肌而实现，针对的是表情纹。长效祛皱主要通过促进胶原蛋白、弹性蛋白的合成和减少胶原蛋白、弹性蛋白的降解，增强基底膜实现，对抗的是真性皱纹。在抗皱配方设计时针对表情纹和真性皱纹选择合适的活性物进行复配，标本兼顾，更容易实现最佳效果。

1. 配方

祛皱紧致眼霜的配方见表 9-1。

表 9-1　祛皱紧致眼霜配方

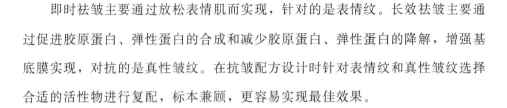

INCI 名/商品名/供应商	含量/%
A 相	
对羟基苯乙酮	0.5
透明质酸钠	0.1
丁二醇	1
水	加至 100
B 相	
丙烯酸羟乙酯/丙烯酰二甲基牛磺酸钠共聚物	0.8
生育酚乙酸酯	0.8
C 相	
聚二甲基硅氧烷/乙烯基聚二甲基硅氧烷交联聚合物、$C_{12}\sim C_{14}$ 链烷醇聚醚-7	55
WKPep® SAWM Peptides 维肽致	3

INCI 名/商品名/供应商	含量/%
1,2-己二醇	0.5
WKPep® SRM Peptides 维肤妍	2

2. 工艺过程

将 A 相加入乳化锅中，搅拌加热升温至 80～82℃，溶解均匀；降温至 65℃，加入 B 相，搅拌 5min，均质 3min；搅拌降温至 40℃，加入 C 相，搅拌均匀，即可。

3. 核心祛皱功效原料介绍

WKPep® SAWM Peptides 维肤致是含乙酰基六肽-8、五肽-3 等多种活性肽的即时祛皱复合肽，从信号通路的多个靶点减少肌肉收缩信号释放/传递，包括抑制神经递质乙酰胆碱释放、阻止乙酰胆碱与肌肉型烟碱型乙酰胆碱受体（m-nAChR）结合，多途径协同作用，强效抚平表情纹，可用于预防和淡化皱纹。

WKPep® SRM Peptides 维肤妍含有棕榈酰四肽-7、三肽-1、棕榈酰五肽-4 等多种活性多肽成分，是一种能综合管理皮肤质量的复合肽，可全面改善由衰老导致的皮肤外观改变，从防御到逐层激活表皮、基底膜和真皮层的皮肤细胞，促进基质蛋白合成，修复肌肤，使肌肤结构健康、年轻化，减少真性皱纹。

参考文献

[1] Gutierrez L M，Viniegra S，Rueda J，et al. A peptide that mimics the C-terminal sequence of SNAP-25 inhibits secretory vesicle docking in chromaffin cells [J]. J Biol Chem，1997，272（5）：2634-2639.

[2] Blanesmira C，Clemente J，Jodas G，et al. A synthetic hexapeptide（Argireline）with antiwrinkle activity [J]. Int J Cosmet Sci，2002，24（5）：303-310.

[3] 马健会，李晖. μ-芋螺毒素——高特异性钠通道阻滞剂 [J]. 生命的化学，2006，26（6）：508-510.

（陈琳欣　陈言荣）

第十章

丰胸瘦身多肽

第一节·概述

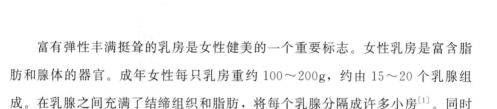

　　富有弹性丰满挺耸的乳房是女性健美的一个重要标志。女性乳房是富含脂肪和腺体的器官。成年女性每只乳房重约 100～200g，约由 15～20 个乳腺组成。在乳腺之间充满了结缔组织和脂肪，将每个乳腺分隔成许多小房[1]。同时整个乳房由一层脂肪包裹。由于脂肪较厚，故乳房充实而富有弹性。

　　乳房发育是女性青春期发育的最早标志。进入青春期，乳腺的发育使女性胸部饱满挺拔。青春期后，结缔组织和脂肪也随之增加，使乳房整个轮廓突出于胸部，为女性的青春增添了光彩。乳房在青春期后因乳腺和脂肪的作用而发育丰满；到了 30 岁后，因乳腺叶及其附近的结缔组织的分解，乳房开始出现下垂现象。当然，乳房的发育是比较复杂的，除上述原因外，还与遗传因素、精神因素、体质健康程度和营养状况有关。

　　女性乳房发育的早晚和个体有关，有的人早些，有的人晚些，有的人大些，有的人小些。一般地讲，身体瘦高的女性，乳房小而平坦；矮而胖的女性，乳房较丰满。这是由乳房中脂肪的多少决定的[1]。丰胸主要针对脂肪，增加脂肪生成和厚度。

　　随着年龄增长会出现"橙皮"样皮肤，这种症状称为脂肪团。脂肪团是由过多含有大量脂质、体积过大的脂肪细胞形成的。形成脂肪团的根本原因是，真皮下面的胶原基质周围的脂肪细胞数量和体积增加，并且结构排列紊乱，同时伴有周围水环境的改变。瘦身主要针对脂肪团分解，抑制脂肪生成，增强微循环。

第二节·丰胸及瘦身多肽举例

一、乙酰基六肽-38

1. INCI 名称

Acetyl Hexapeptide-38。

2. 生物学功能

促进过氧化物酶体增殖物激活受体-γ 共激活因子-1α（PGC-1α）表达。

3. 丰胸作用机制

脂肪细胞的形成是前脂肪细胞转化成为成熟脂肪细胞的过程，是一个涉及基因表达与抑制的复杂过程。其顺利完成需要几个必需的因子参与，较重要的为过氧化物酶体增殖物激活受体-γ 共激活因子-1α（PGC-1α）与过氧化物酶体增殖物激活受体（PPARγ）。

PGC-1α 是一种转录共激活因子，通过与 PPARγ 共同作用提高靶细胞基因的转录。皮下前脂肪细胞在分化过程中，PGC-1α 基因的表达会增加至与成熟脂肪细胞中含量差不多[2]。

PPARγ 属于过氧化物酶体增殖物受体家族，该家族是一组核受体蛋白。PPARγ 是脂肪组织中重要的因子，与结合到靶基因上的视黄醇 X 受体结合成异二聚体，可调节基因的表达，对前脂肪细胞的分化至关重要。

PGC-1α 与 PPARγ 共激活，能够刺激前脂肪细胞分化为成熟脂肪细胞，而且与成熟脂肪细胞内脂肪的形成密切相关。

乙酰基六肽-38 通过刺激 PGC-1α 的表达，提高机体特定区域脂肪组织的生长，从而增加特定部位的体积。

4. 功效及应用

可以增加特定部位的体积，丰胸，增加皮肤弹性。应用于丰胸、美乳的产品中。

二、乙酰基六肽-39

1. INCI 名称

Acetyl Hexapeptide-39。

2. 生物学功能

抑制 PGC-1α 表达。

减小真皮-皮下组织连接线的长度。

3. 瘦身作用机制

乙酰基六肽-39 通过抑制 PGC-1α 的表达，达到降低脂肪细胞的分化率和成熟率的目的，减缓了脂类在脂肪组织中的堆积。另外，通过减小真皮-皮下组织连接线的长度，强化结缔组织。

4. 功效

减少"橙皮"样皮肤，瘦身减肥。用于瘦身健美产品中。

第三节 · 应用案例

一、丰胸按摩乳配方实例

1. 配方

丰胸按摩乳的配方见表 10-1。

表 10-1 丰胸按摩乳配方

INCI 名/商品名/供应商	含量/%
A 相	
橄榄油	25
聚二甲基硅氧烷	2
深海两节荠(*Crambe abyssinica*)籽油	5
氢化聚异丁烯	10
十六烷基十八烷醇和椰油基葡糖苷	5
甘油硬脂酸酯/PEG-100 硬脂酸酯	1
对羟基苯乙酮	0.5
B 相	
丙烯酸(酯)类/$C_{10}\sim C_{30}$烷醇丙烯酸酯交联聚合物	0.2
水	加至 100
C 相	
生育酚乙酸酯	2
D 相	
WKPep® Lipidin 丰胸素	3

INCI 名/商品名/供应商	含量/%
WKPep® SRM Peptides 维肤妍	5
1,2-己二醇	0.5

2. 工艺过程

将 A 相加入油相锅中，搅拌加热升温至 80～82℃，保温溶解备用；将 B 相加入水相锅中，搅拌加热升温至 80～82℃，保温溶解备用；将 A 相、B 相加入乳化锅中，搅拌，均质乳化；降温至 60～65℃，加入 C 相，均质乳化，继续搅拌降温至 40℃，加入 D 相，搅拌均匀。

3. 核心丰胸原料介绍

WKPep® Lipidin 丰胸素的主要活性成分是乙酰基六肽-38，可促进脂肪生成，增加特定部位（如乳房）的体积。

WKPep® SRM Peptides 维肤妍是一种含有棕榈酰四肽-7、三肽-1、棕榈酰五肽-4 多种高活性多肽成分的专利复合原料，多靶点激活成纤维细胞生成胶原蛋白、弹性蛋白、多糖等，维护并强化结缔组织，增加胸部弹性和紧致度。

二、瘦身凝胶配方实例

1. 配方

瘦身凝胶的配方见表 10-2。

表 10-2 瘦身凝胶配方

INCI 名/商品名/供应商	含量/%
A 相	
对羟基苯乙酮	0.5
丙烯酸（酯）类/C_{10}～C_{30}烷醇丙烯酸酯交联聚合物	0.3

INCI 名/商品名/供应商	含量/%
水	加至 100
B 相	
WKPep® Slimmin 瘦身肽	5
WKPep® Calmin 舒缓肽	3
1,2-己二醇	0.5
三乙醇胺	0.2

2. 工艺过程

将 A 相加入水相锅中，搅拌加热升温至 80～82℃，保温溶解，搅拌降温；待温度降至 40℃时，加入 B 相，搅拌均匀。

3. 核心瘦身健美原料介绍

WKPep® Slimmin 瘦身肽的主要活性成分是乙酰基六肽-39，可减少脂肪团，修复"橙皮"样皮肤。

WKPep® Calmin 舒缓肽的主要活性成分是棕榈酰三肽-8，具有减少炎症细胞因子释放的作用。由于脂肪团压迫局部皮肤会产生轻微炎症，在配方中加入抑制炎症细胞因子释放的成分可以减少基质金属蛋白酶（MMP）的分泌，减少 MMP 对组织的不利作用，辅助瘦身。

参考文献

[1] 舒天丹，仇静，齐冰，等.身体的透视（上）[M].北京：中国环境科学出版社，学苑音像出版社，2006.

[2] Liang H，Ward W F.PGC-1alpha：a key regulator of energy metabolism.[J].Advances in Physiology Education，2006，30（4）：145-151.

（张晨雪　陈言荣）

第十一章

祛痘修复多肽

第一节·概述

皮肤活性多肽

痤疮，是一种毛囊皮脂腺的慢性炎症性皮肤疾病[1]，通常发生于面部、前胸及肩胛部位。

痤疮的发生与皮脂过量分泌、毛囊皮脂腺导管过度角化、痤疮丙酸杆菌繁殖和炎症反应等因素有关[2]。它的发病和体内雄激素睾酮的水平升高有关。雄激素促进皮脂腺发育并产生大量皮脂，同时毛囊皮脂腺导管角化异常造成导管堵塞，皮脂排出障碍，形成了角质栓，即微粉刺/粉刺。微粉刺及粉刺的形成为具有厌氧生长特性的痤疮丙酸杆菌创造了良好的生长环境，因此毛囊中多种微生物尤其是痤疮丙酸杆菌大量繁殖。痤疮丙酸杆菌产生的脂酶分解皮脂生成游离脂肪酸，同时趋化炎症细胞和炎症细胞因子，最终诱导并加重炎症反应形成痤疮。

痤疮丙酸杆菌是痤疮炎症的重要参与者，寄居在皮肤的毛囊和皮脂腺中。正常情况下，毛囊皮脂腺与外界相通，形成一个有氧环境，其中的痤疮丙酸杆菌生长缓慢，不存在致病性；但当毛囊口堵塞，毛囊皮脂腺内形成厌氧环境，该菌会大量繁殖，分泌脂酶、蛋白水解酶及透明质酸酶，并降解组织成分[3]。痤疮丙酸杆菌的肽聚糖等成分可以和角质形成细胞、皮脂腺细胞、单核巨噬细胞表面的 toll 样受体-2（toll like receptor-2，TLR-2）和 toll 样受体-4（TLR-4）结合，导致这些细胞分泌 IL-1、IL-2、IL-3、TNF-α 等多种炎症细胞因子。

炎症反应贯穿了痤疮的发病过程，包括开放性或闭合性粉刺、丘疹、脓包、结节、囊肿、炎症后的红斑、炎症后色素沉着及瘢痕形成等整个痤疮发病过程。

痤疮发炎后引起色素沉着，并形成黑色痘印。痘印随着皮肤的新陈代谢会慢慢淡化、变浅，自然淡化需要 1～2 年。如果不采用科学干预手段，有些痘印会永久性存在，不会恢复到长痤疮前的颜色。而红色痘印为炎症引起的血管扩张，痘痘消退后血管不会马上恢复原状，因此形成平红的暂时性红斑，通常半年可自动消退。

当痤疮损伤深及真皮，引起真皮胶原蛋白流失、皮肤结构塌陷，或大面积皮层破坏，皮肤不能再生修复，愈后出现凹凸不平，形成痤疮凹坑。损伤深及真皮和皮下组织时，瘢痕增生修复，愈后则可能产生瘢痕疙瘩。

第二节·改善痤疮多肽举例

一、抗菌肽

1. 抗菌肽的特点 [4]

抗菌肽又称宿主防御肽或者抗微生物肽，是自然界生物体内广泛存在的一类小分子多肽，能够抵御外来病原微生物入侵，直接杀灭侵入体内的病原微生物，在宿主天然免疫反应的不同阶段表现出多种强有力的作用[4]。

抗菌肽分子量小、水溶性好、热稳定性好、抗菌机制独特，能够以最快的速率杀死作用靶标，最有希望成为传统抗生素的替代品。

2. 抗菌肽的来源 [4,5]

抗菌肽的来源包括动物、昆虫、人工合成、基因工程菌。由于从生物体内获得的抗菌肽含量极微，并且来源范围有限、提取工艺复杂、成本高、大量应用有难度。利用人工合成和基因工程重组技术表达来生产抗菌肽是一种新的生产模式。

目前，已被报道的不同来源的抗菌肽已经超过 2000 种。

3. 抗菌肽的生物学活性及应用 [4,6,7]

Magainins 是爪蟾产生的含 21～27 个氨基酸的一类碱性无半胱氨酸的抗菌肽。低浓度的 Magainins 就能杀死革兰氏阳性菌、革兰氏阴性菌、真菌和原生动物甚至真核的肿瘤细胞，但它们却不伤害体细胞或红细胞。研究表明，*Discodermi lakilensis* 海绵中存在的环肽 Disodermin A 具有抑菌活性，可抑制枯草杆菌和奇异变形杆菌的活性。

Omiganan 是一种人工合成的天然抗菌肽 Indolicidin 类似物，具有抗革兰氏阳性菌和革兰氏阴性菌的活性，对真菌（酵母和霉菌）也具有一定的抗菌活性，可用于治疗痤疮和酒渣鼻。

抗菌肽易在人、畜体内消化水解且对机体几乎无毒副作用，已被开发为食品防腐剂、功能性食品、口服型药品、护肤增效剂等。

二、棕榈酰三肽-8

1. INCI 名称

Palmitoyl Tripeptide-8。

2. 生物学功能

棕榈酰三肽-8 能减少由 P 物质释放所引发的一系列不良后果，减少炎症细胞因子白介素-1、白介素-8 以及肿瘤坏死因子-α 的释放。

3. 抗痘作用机制

黑素皮质素受体-1（melanocortin-1 recepter，MC1-R）被激活，会产生炎症细胞因子 IL-1、IL-8、TNF-α。而 α-MSH 与 MC1-R 有高亲和力，两者结合促进相关炎症细胞因子的释放。棕榈酰三肽-8 是一种模拟 α-MSH 的仿生肽，因此很容易与 MC1-R 结合，抑制 α-MSH 与 MC1-R 结合，从而发挥抗炎作用。炎症反应贯穿痤疮发病过程，棕榈酰三肽-8 通过减少炎症介质释放减轻痤疮炎症，减少发病部位胶原蛋白流失，促进痤疮愈合。

4. 功效及应用

抑制炎症反应，缓解并控制痤疮发展，预防痘印形成。可用于祛痘或抗粉刺产品中。

第三节 · 改善痘印、痘疤多肽举例

一、九肽-1

1. INCI 名称

Nonapeptide-1。

2. 生物学功能

九肽-1可以抑制黑素细胞中酪氨酸酶的表达，抑制黑素细胞合成黑色素。

3. 改善黑色痘印作用机制

九肽-1与α-促黑素细胞激素（α-MSH）竞争黑素皮质素受体-1（MC1-R），降低α-促黑素细胞激素与黑素皮质素受体-1结合率，从源头胞外切断引起黑色素合成的信号传递，减少痤疮炎症导致的色素沉着，淡化黑色痘印。

4. 功效及应用

① 减少色素沉积和色素性斑点。

② 预防炎症（如痤疮、紫外线辐射）后的色素沉积。

③ 预防微创性手术和激光术后色素沉积（返黑）。

④ 美白皮肤，提亮肤色，淡化色斑。

二、六肽-9

1. INCI 名称

Hexapeptide-9。

2. 生物学功能

① 促进真皮层成纤维细胞中胶原蛋白的合成，补充真皮层胶原蛋白。

② 促进真皮表皮连接组织（DEJ）的形成和加固。

③ 促进表皮的角化细胞分化与成熟。

皮肤活性多肽

3. 改善痘印、痘疤作用机制

通过促进真皮组织胶原蛋白合成加快伤口愈合，同时增强角质形成细胞分化，修复损伤组织。

4. 功效及应用

用于改善痘印和痘疤、修复皮肤。

三、铜肽

1. INCI 名称

Tripeptide-1 Copper。

2. 生物学功能

详见"第六章　延衰修复多肽"中第三节"五、铜肽"所述生物学功能。

3. 改善痘疤作用机制

铜肽具有促进伤疤外部大量胶原蛋白集聚物降解，抑制炎症细胞因子释放，降低环境对组织的损伤，促进再生、愈合和修复等作用。

4. 功效及应用

修复损伤组织，使皮肤紧致，提亮肤色，增加皮肤弹性，淡化瘢痕。

第四节·应用案例

根据痤疮的生长特点，科学采用多种方式，多管齐下改善痤疮、修复皮损、预防及淡化痘印。

1. 配方

祛痘修复凝胶的配方见表 11-1。

表 11-1　祛痘修复凝胶配方

INCI 名/商品名/供应商	含量/%
A 相	
黄原胶	0.3
卡波姆	0.2
丁二醇	2
水	加至 100
B 相	
WKPep® 抗菌肽	5
WKPep® Calmin 舒缓肽	2
烟酰胺	3
苯氧乙醇/乙基己基甘油	0.8
三乙醇胺	0.2

2. 工艺过程

将 A 相加入乳化锅中，搅拌加热升温至 80～82℃，溶解均匀后，搅拌降温；待温度降至 40℃时，加入 B 相，搅拌均匀。

3. 核心祛痘原料介绍

WKPep® 抗菌肽的主要活性成分是小分子多肽，可以有效抑制痤疮丙酸杆菌和金黄色葡萄球菌繁殖，对此两种细菌的最低抑菌浓度（minimal inhibit concentration，MIC）均为 31mg/kg，具有极高的抗菌活性，能够有效改善中重度痤疮。

WKPep® Calmin 舒缓肽的主要活性成分是棕榈酰三肽-8，可以抑制炎症反应、缓解和控制痤疮发展、预防红色痘印。

参考文献

[1] 中国痤疮治疗指南专家组.中国痤疮治疗指南（2014 修订版）[J].临床皮肤科杂志，2015，44（1）：52-57.

[2] 马英，项蕾红.痤疮发病机制及治疗目标的新认识 [J].临床皮肤科杂志，2015（1）：66-69.

[3] 郭焕焕，张文学.痤疮发病机制及对青少年的影响 [J].生物学教学，2017，42（2）：4-5.

[4] 赵雪芹，王磊，等.抗菌肽的来源及其临床应用研究 [J].现代农业科技，2017（5）：219-227.

[5] Guan Guerrae, Santos Mendozat, Lugo Reyesso, et al. Antimicrobial peptides：general overview and clinical implications inhuman health and disease [J]. Clinical Lmmunology，2010，135（1）：1-11.

[6] 宋宏霞，曾名勇，等.抗菌肽的生物活性及其作用机理 [J].食品工业科技，2006（09）：185-197.

[7] Fritsche T R，Rhomberg P R，Sader H S，et al. Antimicrobial activity of omiganan pentahydrochloride tested against contemporary bacterial pathogens commonly responsible for catheter-associated infections [J]. J Antimicrob Chemother，2008，61（5）：1092-1098.

（张晨雪　陈言荣）

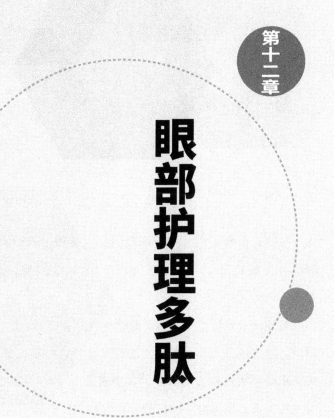

第十二章

眼部护理多肽

第一节 · 概述

眼睑，俗称眼皮，位于眼眶前部，覆盖于眼球表面，分上睑和下睑。组织学上将眼睑分为 5 层：皮肤层、皮下组织层、肌肉层、睑板层和睑结膜层。

眼睑的最外层是皮肤层。眼睑皮肤厚度为 0.33～0.36mm，是全身最薄的皮肤。眼睑皮肤柔软、纤细、富有弹性，这样可以灵活地进行大幅度的运动。眼睑皮肤由表皮和真皮构成，其中表皮由 6～7 层鳞状上皮细胞构成，真皮中含有较为丰富的神经、淋巴管、血管和弹性纤维（这是眼睑皮肤富有弹性及拉伸性的原因）。眼睑正常情况下并不下垂，随着年龄的增长，胶原纤维和弹性纤维断裂变形，使得眼睑皮肤弹性减退而松弛。

眼睑的皮下结缔组织疏松，仅含有极少的脂肪组织，通过纤维束与肌下相联系，这使眼睑皮肤活跃性较大，可在基层表面灵活滑动。心肾功能不全患者或眼局部炎症时，由于眼睑皮下组织特别疏松，渗出液会聚积在此处，首先表现为眼睑浮肿，这是形成水肿型眼袋的基础，也是导致黑眼圈的原因之一。

黑眼圈是多因素作用的结果，可能的原因有浅表血管结构的显现、色素沉积、皮肤松弛、沟槽和水肿等[1]。

黑眼圈可以分为三种。第一种为色素性黑眼圈，是由于真皮黑色素过度沉积而形成的；另外，如果血管局部压力过高，造成血液渗漏并蓄积，血液细胞渗出再破裂，血红素的色素降解物只是部分溶解，不溶解部分会沉积在真皮和表皮内，最终形成黑眼圈。第二种为血管性黑眼圈，是眼睑皮肤菲薄松弛，而皮下的脂肪极少或缺失，其眼轮匝肌和内含血管、真皮毛细血管网及皮下明显突出的蓝色网状静脉透过皮肤形成灰暗的外观，可布满整个下睑区域。第三种为结构性黑眼圈，这种黑眼圈分为先天性和后天性两种情况，先天性原因主要是泪槽所形成的阴影；后天性原因主要是由下睑皮肤松弛、眶隔脂肪膨出、水肿等所形成的阴影。随着紫外线照射和年龄相关性老化，菲薄松弛的皮肤会在下睑形成阴影样外观，而导致下睑黑眼圈的形成。

另外，由于眼周皮肤薄、皮脂腺少、肌肉运动次数多，容易出现干燥和细纹，而衰老的最初表现就是眼部细纹及鱼尾纹的出现。

所以，面部肌肤问题集中展现在眼部皮肤，主要表现为干燥、松弛、容易出现细纹或皱纹、眼袋浮肿和黑眼圈。

第二节 · 眼部护理多肽举例

一、乙酰基四肽-5

1. INCI 名称

Acetyl Tetrapeptide-5。

2. 生物学功能

① 降低毛细血管通透性。

② 血管紧张素转化酶（ACE）抑制剂。

③ 糖基化抑制剂。

3. 祛眼袋和黑眼圈作用机制

乙酰基四肽-5有以下3个方面的作用机制

① 降低血管通透性，降低眼睑组织中水分聚集。

② 抑制ACE的活性，通过缓解血管压力而改善血液循环。ACE可激活血管紧张素Ⅱ，而血管紧张素Ⅱ可以促进血管平滑肌的收缩和肾小管钠离子的重吸收，从而使血压升高，由于压力作用，水分会从血管组织进入组织间隙，形成眼袋，并导致黑眼圈的产生。乙酰基四肽-5通过抑制ACE活性，抑制血管紧张素Ⅱ，缓解血管压力，从而改善眼袋和黑眼圈。

③ 具有抑制糖基化、减少胶原蛋白交联的作用。胶原蛋白交联也是眼袋形成的一个主要原因。

4. 功效及应用

缓解水肿，抗糖基化，改善眼袋及黑眼圈。用于祛眼袋及祛黑眼圈的眼部护理产品中。

二、棕榈酰三肽-1

1. INCI名称

Palmitoyl Tripeptide-1。

2. 生物学功能

详见"第六章 延衰修复多肽"中第三节"三、棕榈酰三肽-1"所述生物学功能。

3. 眼部抗皱作用机制

棕榈酰三肽-1能刺激成纤维细胞增殖，促进胶原蛋白和糖胺聚糖的合成。

4. 功效及应用

改善皱纹，提升皮肤细腻度和紧致度，延缓衰老。

三、乙酰基六肽-8

详见"第九章 改善皱纹多肽"中第二节"一、乙酰基六肽-8"相关内容。

四、芋螺毒素

详见"第九章 改善皱纹多肽"第二节中"五、芋螺毒素"相关内容。

第三节·应用案例

1. 配方

全效明眸眼霜的配方见表12-1。

表 12-1　全效明眸眼霜配方

INCI 名/商品名/供应商	含量/%
A 相	
对羟基苯乙酮	0.5
透明质酸钠	0.1
丁二醇	1
水	加至 100
B 相	
丙烯酸羟乙酯/丙烯酰二甲基牛磺酸钠共聚物	0.8
生育酚乙酸酯	0.8
C 相	
聚二甲基硅氧烷/乙烯基聚二甲基硅氧烷交联聚合物、$C_{12} \sim C_{14}$ 链烷醇聚醚-7	55
1,2-己二醇	0.5
WKPep® Eyepep01 眼丽肽 01	8

2. 工艺过程

将 A 相加入乳化锅中，搅拌加热升温至 80~82℃，溶解均匀；降温至 65℃，加入 B 相，搅拌 5min，均质 3min；搅拌降温至 40℃，加入 C 相，搅拌均匀，即可。

3. 核心眼部护理功效原料介绍

WKPep® Eyepep01 眼丽肽 01 是特别针对眼部问题而开发的专利产品，产品创新性已经获得了国家发明专利。它是由乙酰基六肽-8、棕榈酰五肽-4 等多种活性肽复合的多肽，可用于：

① 预防和淡化各种类型的皱纹；

② 使皮肤紧致，维护皮肤弹性，改善眼部皮肤质量；

③ 改善水肿型眼袋、松弛型眼袋和黑眼圈；

④ 用于眼部护理与保养，可添加到眼部护理产品中，如眼部精华液、眼霜、眼膜、眼部复活液、肌底液等。

参考文献

[1] 张明明，孟宏，何聪芬，等.黑眼圈的发生机制及祛除途径［J］.北京日化，2011，（3）：20-25.

[2] Blanesmira C，Clemente J，Jodas G，et al. A synthetic hexapeptide（Argireline）with antiwrinkle activity［J］. Int J Cosmet Sci，2010，24（5）：303-310.

（张晨雪　陈言荣）

第十三章

多肽在修复妊娠纹中的应用

第一节 · 概述

妊娠纹（striae gravidarum，SG）属于特殊的一种膨胀纹，一般出现在腹部，但也可见于胸、背、臀等部位。在其形成初期，表现为长短不同、宽窄不一的紫红色或粉红色波浪状色带，分娩后随着色素的脱失和萎缩呈现为白色或银白色的有光泽的瘢痕线纹[1]。妊娠纹的发生较为普遍，在有妊娠经历的女性中，有55%～90%会受到妊娠纹的困扰[2,3]。尽管妊娠纹对身体健康不会造成太大伤害，但是会给患者带来较大的外观损伤，从而增加其精神压力和心理负担。

一、发病机制

对于初次怀孕的孕妇来说，产生妊娠纹的危险因素（risk factor）有年龄、怀孕期间体重增加量、体重指数（body mass index，BMI）的变化，以及宫高（uterine height）、腹围、妊娠纹家族病史等[4]。妊娠纹发生的分子机制尚不完全清晰，但目前可以确定妊娠纹的形成与妊娠期间皮肤的过度拉伸和体内激素的变化密不可分。

真皮层中，胶原纤维和弹性纤维组成的网状结构支撑着皮肤，给予皮肤弹性和力量。其中，弹性或伸缩性主要由弹性纤维提供。弹性纤维占整个真皮层干重的2%～4%，主要由弹性蛋白构成[5]。力量、复原力和支撑力主要由Ⅰ

型胶原纤维提供。Ⅰ型胶原纤维主要由Ⅰ型胶原构成，占真皮层干重的80%~90%[6]。妊娠期间，表皮和真皮都会随着腹部的隆凸被逐渐地拉伸[7]，从而使得真皮层结缔组织因过度拉伸而损伤，胶原纤维和弹性纤维被破坏，引起病灶处伸展性和弹性减弱[8,9]，从而产生条纹状的皮肤损害。

妊娠纹早期，胶原蛋白束呈明显的散开状，出现混乱无规则的、不成束的胶原纤维，这反映了皮肤的严重拉伸而造成胶原蛋白束被破坏后，缺少有效的恢复，由于这些持续的胶原细胞外基质的损坏，促进了妊娠纹的形成和萎缩[8]。妊娠纹处的弹性纤维会出现明显的病理性改变，且在真皮层的中深层更加明显，弹性纤维网络出现明显混乱，新形成细短、混乱的微纤维。这些微纤维富含弹性蛋白原和原纤维蛋白-1，但是却缺少正常弹性纤维的其他构成元素，如原纤维蛋白-2、腓骨蛋白-1等，因此不具备正常弹性纤维的作用，这也可能是妊娠纹处皮肤比较松弛的主要原因[9]。

在妊娠期间，孕妇体内激素水平和激素受体的表达会有较大改变。妊娠纹处雌激素受体的表达量一般会比正常皮肤高出1倍，同时雄激素和糖皮质激素受体的表达量也有所增加[10]。随着糖皮质激素的增加，成纤维细胞的活性和增殖会被抑制，弹性纤维和胶原纤维合成减少，这将阻碍真皮层内被破坏的结缔组织的修复[7,11]。

二、临床表现

妊娠纹一般在妊娠中期开始出现，发生率大概为55%~90%。在怀孕期间，腹部外形的隆凸造成腹部皮肤的牵扯拉伸，加之其他的一些因素，造成腹部皮肤的病理性变化，形成妊娠纹。但有些严重者在胸、背、臀部及四肢近端等部位也会出现妊娠纹。

妊娠纹在组织学上的表现与瘢痕类似，初期表现为，真皮浅层的胶原纤维分离并呈均质化变性、弹性纤维断裂和数量变稀少、血管壁增厚、血管周围水肿、淋巴细胞浸润等。晚期表现为表皮变薄，棘细胞层萎缩，表皮嵴变平，真皮变薄，真皮浅层见与皮肤平行排列的直而细的胶原束，细胞核稀少，毛囊、汗腺及皮脂腺也随之萎缩[12]。

在临床上，妊娠纹早期表现为稍凸出于周围皮面的暗红色或紫红色的条纹，大多数无明显的主观症状，少数可伴有瘙痒、烧灼感，随着时间延长，慢慢会出现色素脱失、萎缩，最后稳定后表现为一条条白色或银色的条纹，呈皱纹纸样外观[1]。M. A. Adatto[13] 等根据妊娠纹不同时期的临床表现进行了如表 13-1 的分型。

表 13-1　基于临床表现的妊娠纹分型

分型	临床表现
Ⅰ 型	新鲜的,青紫色的条纹,并伴有炎症
Ⅱa 型	白色,浅纹,无波浪状,皮肤表面无可触及的凹陷
Ⅱb 型	白色,浅纹,无波浪状,但皮肤表面伴有可触及的凹陷
Ⅲa 型	白色,萎缩的条纹,波浪状小于 1cm 的宽度,不伴有深度珍珠光泽
Ⅲb 型	白色,萎缩的条纹,波浪状小于 1cm 的宽度,伴有深度珍珠光泽
Ⅳ 型	白色,萎缩的条纹,波浪状大于 1cm 的宽度,伴有或者不伴有深度珍珠光泽

第二节·用于修复妊娠纹的多肽的介绍

一、以人表皮生长因子为代表的生长因子类

人表皮生长因子（epidermal growth factor，EGF）由 53 个氨基酸残基组成，是一种广泛存在于皮肤细胞内的大分子多肽，也可以归类为小分子蛋白。

EGF 通过与某些细胞类型表面的 EGF 受体（EGFR）结合，经过一系列细胞生化反应，促进细胞内糖酵解，促进蛋白质、RNA 和 DNA 等生物大分子物质合成，从而加速细胞新陈代谢，促进细胞分裂和生长。在人体中，上皮细胞膜表面含有最为丰富的 EGF 受体，平滑肌细胞和成纤维细胞的细胞膜上也存在一定量的 EGF 受体。

EGF 被广泛应用来治疗烫伤、烧伤、手术伤等，能促进皮肤的自我修复，促进胶原蛋白、多糖等基质形成，深层解决皮肤问题。

另外，角质细胞生长因子（keratinocyte growth factor，KGF）、碱性成纤维细胞生长因子（basic fibroblast growth factor，bFGF）、酸性成纤维细胞生长因子（acid fibroblast growth factor，aFGF）等生长因子，都具有与 EGF 相似的效果。

二、胶原蛋白多肽

胶原蛋白多肽在皮肤中的渗透性较强且有良好的皮肤组织亲和性，当其被皮肤吸收后，填充在真皮细胞之间，也可协助成纤维细胞生成胶原蛋白以维持胶原纤维结构的完整性，增加皮肤紧实度，提高皮肤弹性，赋予皮肤紧绷感；胶原蛋白多肽还具有保持角质层水分、改善皮肤细胞生存环境、维持细胞正常生长和促进皮肤组织的新陈代谢等功能。

三、棕榈酰五肽-4

棕榈酰五肽-4（INCI：Palmitoyl Pentapeptide-4）由赖氨酸、苏氨酸、丝氨酸构成。棕榈酰五肽-4 是化学合成的自然胶原蛋白的微型片段，在自然皮肤组织再生过程中扮演信使的角色，能够深入皮肤刺激成纤维细胞合成皮肤基质的必需物质：构成皮肤连接组织的胶原（Ⅰ型、Ⅲ型、Ⅳ型）和多糖（蔗糖糖胺、透明质酸）。其中，Ⅳ型胶原对于真皮表皮连接组织（DEJ）的修复起着尤其重要的作用。

四、棕榈酰三肽-5

胶原蛋白是皮肤结缔组织 ECM 的主要成分，转化生长因子-β（transforming growth factor-β，TGF-β）在胶原蛋白合成中具有重要的作用，具有激活TGF-β 能力的小分子可以加速新的胶原蛋白的形成，有效修复皮肤。在人体中，血小板应答蛋白 1（thrombospondin-1，TSP-1）是一个多功能蛋白，能激活潜在的无生物活性的 TGF-β。TSP-1 与非活性的 TGF-β 复合物的片段序列 Arg-Phe-Lys 结合，从而诱导产生了活性 TGF-β。

棕榈酰三肽-5（INCI：Palmitoyl Tripeptide-5）具有特定的序列，与人体机体自身机制相似，通过激活 TGF-β 产生胶原蛋白。因此棕榈酰三肽-5 能够促进皮肤补充缺失的胶原蛋白，从而修复受损皮肤。

五、棕榈酰六肽-12

棕榈酰六肽-12（INCI：Palmitoyl Hexapeptide-12）是天然的弹性蛋白spring 片段，在整个弹性蛋白分子中重复了 6 次。棕榈酰六肽-12 具有优化弹性蛋白、刺激皮肤真皮重整弹性纤维网络、增加肌肤弹性与活力的作用。皮肤真皮层的重建，依托于皮肤细胞间的信息传递，而棕榈酰六肽-12 是一种信号肽，它的这种趋化效果能够刺激成纤维细胞合成如弹性蛋白等生物大分子，因此能够修复由于各种原因引起弹性蛋白流失而导致的皮肤松弛无弹性状况。

六、六肽-11

六肽-11（INCI：Hexapeptide-11）可以促进皮肤细胞外基质的相关基因表达，促进成纤维细胞合成胶原蛋白、弹性蛋白，从而达到增强皮肤弹性、改善肤质的效果。同时，六肽-11还可增强皮肤细胞与细胞间的黏附作用，使肌肤紧致，对抗松弛。

另外，六肽-11还能促进皮脂相关蛋白、细胞应激蛋白、生长因子、跨膜蛋白等蛋白质的表达，最终促进皮肤类脂双分子层结构的修复，促进细胞内外物质转运，保护细胞内重要的蛋白质，促进组织生长与分化。

七、铜肽

铜肽（INCI：Copper Tripeptide-1），俗称蓝铜肽，是应用最早和最广泛的美容多肽之一。GHK最初于1973年从人的血浆中分离得到，并于1985年发现其具有修复伤口的功能。1999年，研究者认为GHK及其铜复合物可以作为组织重塑的激活剂。随着对铜肽研究的深入，其被皮肤科及整形外科医师推荐为21世纪最无刺激的皮肤修复原料。目前已发现铜肽的功效有如下。

① 能够促进伤口愈合。在伤口部位，铜肽可作为一种伤口愈合和皮肤更新的调节剂，调节金属蛋白酶的活性，同时也能调节金属蛋白酶组织抑制物-1（TIMP-1）和金属蛋白酶组织抑制物-2（TIMP-2）的活性。而这些特性只有GHK-Cu具有，GHK则不具备，因此GHK与铜的强烈亲和力是其发挥促进伤口愈合功效和促进皮肤更新功效的基础[14]。

② 促进胶原蛋白等基质生成。在正常的皮肤组织中，铜肽能够促进成纤维细胞合成胶原蛋白、糖胺聚糖[15,16]，甚至还能促进硫酸皮肤素、硫酸软骨素和核心蛋白聚糖的合成[17]。Abdulghani等将GHK-Cu与维生素C和视黄酸进行对比时，发现GHK-Cu刺激胶原蛋白生成的能力（增加70%）要比维生素C（50%）和视黄酸（40%）强得多[18]。

③ 促进细胞更新代谢和促进生长因子产生。科学家Finkley等发现铜肽可以增加角质形成细胞的增殖[19]，而且在极低的浓度下（0.1～10mmol/L）都可促进基底层细胞的增殖和增加基底层细胞中整联蛋白、p63的表达[20]，即使浓度低至1nmol/L，也能促进成纤维细胞产生碱性成纤维细胞生长因子

(bFGF)和血管内皮生长因子（VEGF）[21]。另外，铜肽也可促进毛囊干细胞分化，促进一些与毛发生长相关的生长因子的产生，如肝细胞生长因子（HGF）、角质形成细胞生长因子（KGF）、胰岛素样生长因子-1（IGF-1）。

④ 具有抗炎的活性。在 2001 年 Mccormack 等证实了铜肽的抗炎活性，其可以减少人成纤维细胞中炎症细胞因子 TGF-β 和 TNF-α 的产生[22]。另外铜肽还能增加抗氧化酶的表达和吸引免疫细胞和内皮细胞向损伤部位转移[23]。

八、六肽-9

胶原蛋白是一种结缔组织蛋白，是一种独特的由 Gly、Pro、Hyp 这三种氨基酸重复排列的蛋白质。六肽-9（INCI：Hexapeptide-9）的氨基酸序列与之类似，其结构在人体 IV 型胶原和 XVII 型胶原（两种关键基膜胶原蛋白）中同时存在。正是这样的特殊结构使得六肽-9 表现出全面且显著的功效。六肽-9 的功效主要表现在 3 个方面：①增加真皮层胶原蛋白的合成；②促进真皮表皮连接组织（DEJ）的形成和加固；③促进表皮细胞的分化成熟。因此，六肽-9 可用于对抗皮肤松弛，使皮肤更有弹性、更紧实。

参考文献

[1] Salter S A，Kimball A B. Striae gravidarum [J]. Clinics in Dermatology，2006，24（2）：97-100.

[2] Singh G，Lp K. Striae distensae [J]. Indian Journal of Dermatology Venereology & Leprology，2005，71（5）：545.

[3] Hibah O，Nelly R，Hala T，et al. Risk Factors for the Development of Striae Gravidarum [J]. Obstetrical & Gynecological Survey，2007，62（6）：62 e1-62 e5.

[4] Liu L，Huang J，Wang Y，Li Y.（2018）Risk factors of striae gravidarum in Chinese primiparous women [J]. PLoS ONE，13（6）：e0198720.

[5] Lewis K G，Bercovitch L，Dill S W，Robinson-Bostom L. Acquired disorders of elastic tissue：part

I. Increased elastic tissue and solar elastotic syndromes [J]. J Am Acad Dermatol，2004，51：1-21，quiz 2-4.

[6] Fang M，Goldstein E L，Turner A S，et al. Type I collagen D-spacing in fibril bundles of dermis，tendon，and bone：bridging between nano- and micro-level tissue hierarchy [J]. ACS Nano，2012，6：9503-9514.

[7] Mallol J，Belda M A，Costa D，et al. Prophylaxis of Striae gravidarum with a topical formulation. A double blind trial [J]. International Journal of Cosmetic Science，1991，13 (1)：51-57.

[8] Wang F，Calderone K，Smith N R，et al. Marked disruption and aberrant regulation of elastic fibres in early striae gravidarum [J]. Br J Dermatol，2015，173：1420-1430.

[9] Wang F，Calderone K，et al. Severe disruption and disorganization of dermal collagen fibrils in early striae gravidarum. [J]. British Journal of Dermatology，2018，178：pp749-760.

[10] Cordeiro R C，Zecchin K G，De Moraes A M. Expression of estrogen，androgen，and glucocorticoid receptors in recent striae distensae [J]. Int J Dermatol，2010 ，49 (1)：30-32.

[11] Alhimdani S，Uddin S，Gilmore S，et al. Striae distensae：A comprehensive review and evidence-based evaluation of prophylaxis and treatment [J]. British Journal of Dermatology，2014，170 (3)：527-547.

[12] 曹泽毅. 中华妇产科学（上册）[M].北京：人民卫生出版社，2000：103.

[13] Adatto M A，Deprez P. Striae treated by a novel combination treatment--sandabrasion and a patent mixture containing 15％ trichloracetic acid followed by 6-24hrs of a patent cream under plastic occlusion [J]. Journal of cosmetic dermatology，2003，2 (2)：61-67.

[14] Siméon A，Emonard H，Hornebeck W，Maquart F X. The tripeptide-copper complex glycyl-L-histidyl-L-lysine-Cu^{2+} stimulates matrix metalloproteinase-2 expression by fibroblast cultures [J]. Life Sci，2000，22，67 (18)：2257-2365.

[15] Maquart F X，Pickart L，Laurent M，et al. Stimulation of collagen synthesis in fibroblast cultures by the tripeptide-copper complex glycyl-L-histidyl-Llysine-Cu^{2+} [J]. FEBS Lett，1988，10，238 (2)：343-346.

[16] Wegrowski Y，Maquart F X，Borel J P. Stimulation of sulfated glycosaminoglycan synthesis by the tripeptide-copper complex glycyl-Lhistidyl-L-lysine-Cu^{2+} [J]. Life Sci，1992，51 (13)：1049-1056.

[17] Siméon A Wegrowski Y，Bontemps Y，Maquart F X. Expression of glycosaminoglycans and small proteoglycans in wounds：modulation by the tripeptide-copper complex glycyl-L-histidyl-L-lysine-

Cu^{2+} [J]. J Invest Dermatol，2000，115（6）：962-968.

［18］Abdulghani A A，Sherr S，Shirin S，et al. Effects of topical creams containing vitamin C，a copper-binding peptide cream and melatonin compared with tretinoin on the ultrastructure of normal skin - A pilot clinical，histologic，and ultrastructural study ［J］. Disease Manag Clin Outcomes，1998，1：136-141.

［19］Finkley M B，Appa Y，In：P Eisner，H I Maibach. Bhandarkar S. Copper Peptide and Skin. Cosmeceuticals and Active Cosmetic，2nd Edition ［M］ New York：Marcel Dekker，2005：549-563.

［20］Kang Y A，Choi H R，Na J I，et al. Copper-GHK increases integrin expression and p63 positivity by keratinocytes ［J］. Arch Dermatol Res，2009，301（4）：301-306.

［21］Pollard J D，Quan S，Kang T，Koch R J. Effects of copper tripeptide on the growth and expression of growth factors by normal and irradiated fibroblasts ［J］. Arch Facial Plast Surg，2005，7（1）：27-31.

［22］Mccormack M C，Nowak K C，Koch R J. The effect of copper peptide and tretinoin on growth factor production in a serum-free fibroblast model ［J］. Arch Facial Plast Surg，2001，3（1）：28-32.

［23］Buffoni F，Pino R，Dal Pozzo A. Effect of tripeptide-copper complexes on the process of skin wound healing and on cultured fibroblasts ［J］. Arch Int Pharmacodyn Ther，1995，330（3）：345-360.

（范积敏　陈言荣）

皮
肤
活
性
多
肽